KNICK- UND BEULVERHALTEN

VON HOHLPROFILEN
(RUND UND RECHTECKIG)

KONSTRUIEREN
MIT
STAHLHOHLPROFILEN

Herausgeber: Comité International pour le Développement et l'Étude
de la Construction Tubulaire

Autoren: Jacques Rondal, Universität Lüttich
Karl-Gerd Würker, Beratender Ingenieur
Dipak Dutta, Vorsitzender der Technischen Kommission CIDECT
Jaap Wardenier, Technische Universität Delft
Noel Yeomans, Vorsitzender der CIDECT-Arbeitsgruppe
„Verbindungen unter statischer und dynamischer Belastung"

KNICK- UND BEULVERHALTEN

VON HOHLPROFILEN
(RUND UND RECHTECKIG)

J. Rondal, K.-G. Würker, D. Dutta, J. Wardenier,
N. Yeomans

Verlag TÜV Rheinland

Die Deutsche Bibliothek – CIP-Einheitsaufnahme

Knick- und Beulverfahren von Hohlprofilen (rund und rechteckig) / [Hrsg.: Comité International pour le Développement et l'Etude de la Construction Tubulaire]. Jacques Rondal ... - Köln: Verl. TÜV Rheinland, 1992
    (Konstruieren mit Stahlprofilen)
    Engl. Ausg. u.d.T.: Structural stability of hollow sections.
    - Franz. Ausg. u.d.T.: Stabilité des structures en profils creux
    ISBN 3-8249-0067-X
NE: Rondal, Jacques: Comité International pour le Développement et l'Étude de la Construction Tubulaire

Gedruckt auf chlorfrei gebleichtem Papier.

ISBN 3-8249-0067-X
© by Verlag TÜV Rheinland GmbH, Köln 1992
Gesamtherstellung: Verlag TÜV Rheinland GmbH, Köln
Printed in Germany 1992

Vorwort

Dieses Handbuch hat das Ziel, die Richtlinien zur Bemessung und Berechnung von Stahlbauten aus Rohren und Rechteckhohlprofilen zu erläutern, soweit es sich um die Stabilität der Konstruktion handelt. Es werden hier im wesentlichen, Knick-, Beul- und Kippverhalten von Hohlprofilen sowie effektive Knicklängen von Gurt- und Füllstäben in Fachwerkträgern aus Hohlprofilen beschrieben. Die hier empfohlenen Bemessungsrichtlinien und -verfahren begründen sich zum größten Teil auf den theoretischen und experimentellen Untersuchungen, die von CIDECT initiiert und finanziell unterstützt wurden. Die Durchführung dieser Forschungen fanden in Universitäten und Instituten in verschiedenen Teilen der Welt statt.

Die technischen Daten aus diesen Forschungsarbeiten, deren Auswertungsergebnisse sowie daraus abgeleiteten Schlußfolgerungen wurden zur Einführung der „Europäischen Knickspannungslinien" für kreisförmige und rechteckige Hohlprofile angewendet, dies als Resultat einer Zusammenarbeit zwischen der Europäischen Konvention für Stahlbau (EKS) und CIDECT. Diese Knickspannungslinien sind jetzt in einer Anzahl von nationalen Normungsschriften enthalten. Sie sind auch in dem z. Zt. in Vorbereitung befindlichen Eurocode 3, Teil 1: „General Rules and Rules for Buildings" als Grundlage für den Knicknachweis vorgeschlagen worden. Umfangreiche Forschungsarbeiten über effektive Knicklängen von Bauteilen eines Fachwerkträgers aus Hohlprofilen in den späten siebziger Jahren führten im Jahre 1981 zu der Veröffentlichung von der Monografie-Nr. 4 „Effektive Knicklängen der Stäbe von Fachwerkträgern" durch CIDECT. Eine neuerliche statistische Auswertung aller Daten aus diesem Forschungsprogramm ergab eine Empfehlung für die Berechnung der erwähnten Knicklängen, die nun auch in Eurocode 3, Annex K „Hollow section lattice girder connections" (Entwurf 1. Oktober 1991) enthalten ist.

Das vorliegende Handbuch ist das zweite aus einer Reihe von fünf Handbüchern, die CIDECT in den kommenden Jahren veröffentlichen wird:
- Berechnung und Bemessung von Verbindungen aus Rundhohlprofilen unter vorwiegend ruhender Beanspruchung
- Knick- und Beulverhalten von Hohlprofilen (rund und rechteckig)
- Knotenverbindungen aus rechteckigen Hohlprofilen unter vorwiegend ruhender Beanspruchung
- Brandverhalten von Hohlprofilstützen
- Knotenverbindungen aus runden und rechteckigen Hohlprofilen unter schwingender Beanspruchung

Das erste Handbuch dieser Reihe ist bereits Anfang 1991 dreisprachig (Englisch, Deutsch, Französisch) erschienen. Die restlichen drei Handbücher sind z. Zt.. in Vorbereitung.

Alle diese Publikationen beabsichtigen Architekten, Ingenieure und Konstrukteure mit den vereinfachten Regeln zur Bemessung von Hohlprofilkonstruktionen vertraut zu machen. Ausgearbeitete Beispiele tragen dazu bei, Verständnis für die angesprochenen Themen zu erhalten.

Unser Dank gilt den Autoren dieses Buches, die zu den anerkannten Fachleuten auf dem Forschungsgebiet des Stahlbaus aus Hohlprofilen gehören. Insbesondere danken wir Herrn Dr. Jacques Rondal, Universität Lüttich, Belgien als maßgeblicher Verfasser dieses Buches. Weiter gebührt dem Herrn Dipl.-Ing. D. Grotmann, Technische Hochschule Aachen, Dank für zahlreiche Anregungen.

Schließlich sei den Mitgliedern des CIDECT für die Herausgabe dieses Buches gedankt.

Dipak Dutta
Vorsitzender der Technischen Kommission
CIDECT

Quadratische Vierendeel-Rahmenstütze

Inhalt

Einleitung

Oft wird die Fragestellung im Stahlbau nur in der Konstruktion und der Berechnung der Bauteile und ihrer Verbindungen gesehen. Es seien genannt der Spannungs- und Stabilitätsnachweis sowie der Nachweis der Tragfähigkeit der Verbindungen, in manchen Fällen auch die Ermüdungsfestigkeit. Zusätzlich sind jedoch auch Fabrikation und Montage und, wenn gefordert, auch die Brandsicherheit zu berücksichtigen. Auf allen diesen Teilgebieten sind für Hohlprofile (das sind Rohre und rechteckige Hohlprofile) Besonderheiten zu beachten.

In dieser Schrift werden Fragen der Stabilität von Hohlprofilen (rund und rechteckig), ihre Berechnung und Lösungen dazu behandelt.

Das Ziel dieses Buches ist eine Hilfestellung für alle Architekten und Ingenieure, die sich mit der Anwendung von Hohlprofilen in Stahlkonstruktionen befassen.

Das Buch bezieht sich dabei soweit wie möglich auf die Regeln des Eurocode 3 „Design of Steel Structures", Teil 1 „General Rules and Rules for Buildings" und dessen Annexe [1, 2]. Gegenüber den einzelnen nationalen Normen können sich (i. a. geringfügige) Abweichungen ergeben. Der Leser findet in [3] eine Übersicht über die Differenzen in den Normen einiger ausgewählter Länder zu Eurocode 3. Manchmal wird im folgenden auf die Regeln dieser Länder (Australien, Kanada, Japan, Vereinigte Staaten) sowie auf diejenigen nationaler europäischer Normen eingegangen.

Fahrstuhlschacht aus Rohrrahmen

1 Allgemeines

1.1 Grenzzustände (limit states)

Die neuen Stahlbau-Normen begründen sich auf einer Nichtüberschreitung von Grenzzuständen (limit states). Grenzzustände sind solche, bei deren Überschreitung die Konstruktion nicht den Anforderungen an die Sicherheit des Bauwerks genügt. Grenzzustände werden unterschieden nach
– dem Zustand der Tragsicherheit (Traglast, ultimate limit state) und
– dem Zustand der Gebrauchstauglichkeit (serviceability limit state)
Grenzzustände für die Traglast sind solche des Zusammenbruchs oder anderer Versagensarten, die z. B. die Sicherheit menschlichen Lebens beeinträchtigen können. Einfachheitshalber werden auch Zustände vor einem möglichen Zusammenbruch als Grenz-Traglastzustand definiert. Grenzzustände für die Traglast können sein:
– Verlust des Gleichgewichtes der Konstruktion oder eines Teiles von ihr
– Verlust der Tragfähigkeit (z. B. Bruch, Instabilität, Ermüdung oder sonstige vereinbarte Grenzzustände, wie zu große Spannungen oder Verformungen).
Grenzzustände für die Gebrauchstauglichkeit einer Konstruktion sind Zustände, die eine vereinbarte Nutzung (auch Aussehen) gefährden, ohne daß bereits ein Versagen auftritt. Dies können z. B. sein:
– Verformungen und Verschiebungen
– Erschütterungen, Schwingungen
– örtliche, unzulässige Schäden (z. B. Risse bestimmter Größe)
Die neueren nationalen und internationalen Bemessungsnormen benutzen Verfahren mit dem Nachweis von Grenzzuständen. Dies bedeutet, insbesondere für den Stabilitätsnachweis, die Berücksichtigung von Imperfektionen – mechanische und geometrische, die das Tragverhalten der Konstruktion in erheblicher Weise beeinflussen. Mechanische Imperfektionen sind beispielsweise Eigenspannungen in Bauteilen und Anschlüssen; geometrische Imperfektionen sind mögliche Vorverformungen von Stäben, Querschnitten, Toleranzen usw.

1.2 Bemessungsnachweis

Für das Nachweisverfahren gegenüber Grenzzuständen werden Belastungen und Widerstände (z. B. für letztere die Streckgrenze) mit Sicherheitsbeiwerten γ versehen. Eurocode 3 formuliert den Nachweis in folgender Weise:

$$\Sigma\,(\gamma_F \cdot F) \leq \frac{R}{\gamma_M} \tag{1.1}$$

mit
γ_F = Teilsicherheitsfaktor für eine bestimmte Belastung F
γ_M = Teilsicherheitsfaktor für den Widerstand R
F = Größe einer Beanspruchung (aus Gebrauchslasten)
R = Größe der Beanspruchbarkeit des Bauteils, Querschnittes

$\gamma_F \cdot F = F_d$ wird auch als **Bemessungswert** der **Beanspruchung** (= γ-fache Gebrauchslast) bezeichnet, während $R/\gamma_M = R_d$ als **Bemessungswert** der **Beanspruchbarkeit** bezeichnet wird.
Einzelheiten und Zahlenwerte der oben genannten Größen sind nicht Gegenstand dieser Schrift. Sie können Eurocode 3 [1, 2] oder anderen nationalen Vorschriften [21] entnommen werden, zwischen denen manchmal (geringfügige) Unterschiede bestehen können. Neuere US-Regeln rechnen z. B. auch mit $\phi = 1/\gamma_M$.

1.3 Stahlsorten

In Tabelle 1 werden die allgemein verwendeten Baustähle genannt. Die dort angegebenen Werte für die Streckgrenze f_y und die Zugfestigkeit f_u gelten für warmgefertigte Hohlprofile sowie für das Grundmaterial von kaltgeformten Hohlprofilen.

Die Bezeichnung der Stahlsorten in Tabelle 1 erfolgte nach ISO 630 [18] sowie EN 10 025 [31]. Sie kann in anderen Vorschriften unterschiedlich sein. Für warmgefertigte Hohlprofile (rund, rechteckig) liegt der europäische Entwurf prEN 10 210 Teil 1 [20], 1990 und Entwurf DIN EN 10 210, Teil 1, Februar 1991 [33] vor.

Tabelle 1 – Stahlsorten für Baustähle des Stahlbaus

Stahlsorte	Minimale Streckgrenze** f_y (N/mm²)	Minimale Zugfestigkeit f_u (N/mm²)
Fe 360	235	360
Fe 430	275	430
Fe 510	355	490
FeE 460*	460	560

 * aus prEN 10 210 Teil 1 [20] und Entwurf DIN EN 10 210 Teil 1 [33]
** Nach Eurocode 3 [1] Nominalwerte für die Berechnung bis $t \le 40$ mm. In nationalen Regelwerken manchmal nur bis zu geringeren Wanddicken gültig. In den technischen Lieferbedingungen i. allg. bis $t \le 16$ mm.

In Tabelle 2 werden einige für alle Baustähle geltende physikalische Werte angegeben.

Tabelle 2 – Physikalische Werte von Baustählen

Elastizitätsmodul:	$E = 210\,000$ N/mm²
Schubmodul:	$G = \dfrac{E}{2(1+\nu)} = 81\,000$ N/mm²
Querdehnungszahl:	$\nu = 0{,}3$
Temperatur-Ausdehnungskoeffizient:	$\alpha = 12 \cdot 10^{-6}/°C$
Dichte:	$\varrho = 7850$ kg/m³

1.4 Erhöhung der Streckgrenze durch Kaltverformung

Bei Verwendung kalt hergestellter Profile (auch Hohlprofile) erlaubt Eurocode 3 [1, 2] für Druck- und Zugbelastung (nicht für Biegung*) die Berücksichtigung einer durch die Kaltverformung angehobenen Streckgrenze. Die Ermittlung einer so erhöhten Streckgrenze wird nach dem in Tabelle 3 angegebenen Verfahren rechnerisch vorgenommen.

---

* Eurocode 3, Annex A [2]

Tabelle 3 – Streckgrenzenerhöhung kaltgeformter Hohlprofile, rechnerisch [1, 2]

Mittlere Streckgrenze:

Die mittlere Streckgrenze f_{ya} kann entweder durch Versuche am ganzen Profil oder wie folgt bestimmt werden [19, 32]:

$$f_{ya} = f_{yb} + (k \cdot n \cdot t^2/A) \cdot (f_u - f_b) \tag{1.2}$$

mit $\quad f_{yb}, f_u$ = Streckgrenze und Zugfestigkeit des Ausgangsmaterials (N/mm²) vor Kaltverformung

$\quad\quad t \quad$ = Wanddicke (mm)

$\quad\quad A \quad$ = gesamte Profilquerschnittsfläche (mm²)

$\quad\quad k \quad$ = Faktor, abhängig von der Verformungsart (k = 7 für kaltes Walzen)

$\quad\quad n \quad$ = Anzahl der 90°-Bögen im Querschnitt mit einem inneren Radius < 5 t (Teile von 90°-Bögen sind als Anteile n zu berücksichtigen)

$\quad\quad f_{ya} \quad$ = mittlere erhöhte Streckgrenze, jedoch

$\quad\quad\quad\quad \leq f_u$ und

$\quad\quad\quad\quad \leq 1{,}2 \cdot f_{yb}$

Eine Erhöhung der Streckgrenze durch Kalteinformung soll nicht für Bauteile ausgenutzt werden, die nach dem Verformen einer Wärmebehandlung* ausgesetzt, geschweißt oder über eine größere Länge erhitzt werden, mit großer Wärmeeinbringung.

Grundmaterial:
Das Grundmaterial ist das Bandmaterial (Warmband), aus dem die Profile kaltgeformt werden.

* Nichtausnutzung nur bei mehr als 580°C **oder** bei einer Glühdauer von mehr als 1 Stunde [29]

Für gewalzte quadratische und rechteckige Hohlprofile kann nach Gl. (1.2) mit k = 7, n = 4 und $A \approx 2\,t\,(b + h - 2t) \approx (b + h) \cdot 2\,t$ geschrieben werden:

$$f_{ya} = f_{yb} + \frac{14\,t}{b + h}\,(f_u - f_{yb}) \tag{1.3}$$

$\quad \leq f_u$

$\quad \leq 1{,}2 \cdot f_{yb}$

Abb. 1 erlaubt eine schnelle Abschätzung der mittleren Streckgrenze für kaltverformte rechteckige und quadratische Hohlprofile.

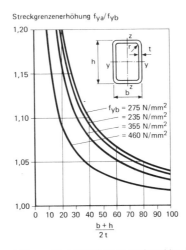

Abb. 1 – Mittlere Streckgrenzenerhöhung für kaltgeformte rechteckige Hohlprofile

2 Querschnittsklassifikation

Es bestehen verschiedene Modelle für die Ermittlung der Tragfähigkeit von Bauteilen im Stahlbau.
Für eine Bemessung nach der Grenz-Tragsicherheit (ultimate limit state) bestehen 3 Nachweisverfahren (siehe Abb. 2), wobei die unter Querschnittsklasse 3 und 4 genannten Verfahren „elastisch-elastisch" sich nur durch den erforderlichen Beulnachweis bei Klasse 4 unterscheiden.

Verfahren „plastisch-plastisch"

Querschnittsklasse 1

Dieses Verfahren arbeitet mit vollplastischer Verteilung von Biegespannungen (bzw. vollplastischer Interaktion von Normal-/Schub-/Biegespannungen) im Querschnitt, sowie darüber hinaus mit der Bildung plastischer Gelenke in entsprechenden (statisch unbestimmten) Konstruktionen. Es werden die Rotationskapazität der Querschnitte und damit die plastischen Reserven des Querschnitts und des Systems ausgenutzt.
Das System muß im statischen Gleichgewicht bleiben.

Verfahren „elastisch-plastisch"

Querschnittsklasse 2

Die Beanspruchungen werden nach der Elastizitätstheorie, die Beanspruchbarkeiten unter Ausnutzung plastischer Momenten-Tragfähigkeit (bzw. vollplastischer Interaktion von Normal-/Schub-/Biegespannungen) der Querschnitte berechnet. Die plastische Reserve des Systems bleibt unberücksichtigt. Dies setzt nur eine beschränkte Rotationskapazität der Querschnitte voraus. Die Grenztragfähigkeit wird durch die Bildung des ersten plastischen Gelenkes im System erreicht.

Verfahren „elastisch-elastisch"

Querschnittsklasse 3

Die Beanspruchungen und Beanspruchbarkeiten werden nach der Elastizitätstheorie berechnet. Die Querschnittstragfähigkeit wird bei Randspannung = Streckgrenze errreicht.

Die Anwendung aller drei genannten Verfahren setzt voraus, daß die Querschnitte oder Teile derselben vor Erreichen ihrer Grenztragfähigkeit nicht örtlich beulen, d. h. die Querschnitte dürfen nicht zu „dünnwandig" sein. Zur Einhaltung dieser Bedingung darf das b/t-Verhältnis bei rechteckigen Hohlprofilen bzw. das d/t-Verhältnis bei Rohren bestimmte Höchstwerte nicht überschreiten. Diese sind unterschiedlich für die in Tabelle 4, 5 und 6 genannten Querschnittsklassen 1 bis 3.

Verfahren „elastisch-elastisch"

Querschnittsklasse 4

Falls die Querschnitte „dünnwandiger" als die Grenzen nach Klasse 3 sind, fallen sie in Klasse 4. Es ist dann für die Ermittlung der Tragfähigkeit lokales Beulen zu berücksichtigen. Ihre Tragfähigkeit liegt unterhalb der Klasse 3.
Ein Querschnitt wird nach der ungünstigsten (= höchsten) Klasse seiner Elemente unter Druck und/oder Biegung klassifiziert.
Die Tabellen 4 bis 6 geben die Schlankheitsgrenzen b/t oder d/t für die verschiedenen Querschnittsklassen gemäß den in Eurocode 3 [1, 2] gemachten Angaben wieder. Andere Regelwerke können unterschiedliche Ziffern aufweisen (vgl. Tabelle 8).

Querschnitts-Klasse	Klasse 1	Klasse 2	Klasse 3	Klasse 4
Beanspruchbarkeit im Querschnitt	Querschnitt vollplastisch, volle Rotationskapazität	Querschnitt vollplastisch, eingeschränkte Rotationskapazität	Querschnitt elastisch, Randspannung = Streckgrenze	Querschnitt elastisch, örtliches Beulen berücksichtigen
Spannungsverteilung und Rotationskapazität	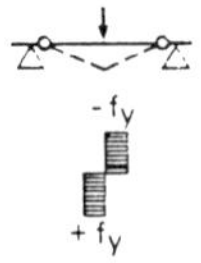 $-f_y$ $+f_y$	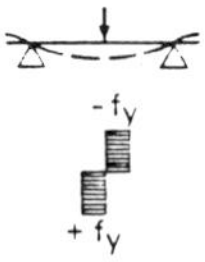 $-f_y$ $+f_y$	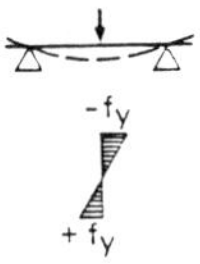 $-f_y$ $+f_y$	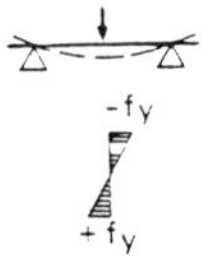 $-f_y$ $+f_y$
Verfahren für die Ermittlung der Beanspruchungen eines Querschnittes	**plastisch**	**elastisch**	**elastisch**	**elastisch**
Verfahren für die Ermittlung der Beanspruchbarkeit (Traglast) eines Querschnittes	**plastisch**	**plastisch**	**elastisch**	**elastisch** (mit Berücksichtigung der mittragenden Breiten)

Abb. 2 – Querschnittsklassifikation, Ermittlung der Beanspruchbarkeit und Beanspruchung der Querschnitte

Tabelle 4 – Obere Grenzen für das Verhältnis Durchmesser/Wanddicke bei Rohren nach [1]

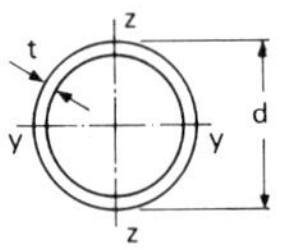

Querschnittsklasse	Axialer Druck und/oder Biegung			
1	$d/t \leq 50\,\epsilon^2$			
2	$d/t \leq 70\,\epsilon^2$			
3	$d/t \leq 90\,\epsilon^2$			
$\epsilon = \sqrt{\dfrac{235}{f_y}}$ f_y in N/mm²	f_y (N/mm²)	235	275	355	460
	ϵ	1	0,92	0,81	0,72
	ϵ^2	1	0,85	0,66	0,51

14

Tabelle 5 – Obere Grenzen für das Verhältnis h_1/t von Stegteilen rechteckiger Hohlprofile

Stege: Querschnittsteile senkrecht zur Biegeachse			Biegeachse $h_1 = h - 3t$
Klasse	Steg unter Biegung	Steg unter Druck	Steg unter Druck und Biegung
Spannungsvertei-lung in Element (Druck positiv)			
1	$h_1/t \le 72\,\epsilon$	$h_1/t \le 33\,\epsilon$	falls $\alpha > 0{,}5$: $h_1/t \le 396\,\epsilon/(13\alpha - 1)$ falls $\alpha < 0{,}5$: $h_1/t \le 36\,\epsilon/\alpha$
2	$h_1/t \le 83\,\epsilon$	$h_1/t \le 38\,\epsilon$	falls $\alpha > 0{,}5$: $h_1/t \le 456\,\epsilon/(13\alpha - 1)$ falls $\alpha < 0{,}5$: $h_1/t \le 41{,}5\,\epsilon/\alpha$
Spannungsvertei-lung in Element (Druck positiv)			
3	$h_1/t \le 124\,\epsilon$	$h_1/t \le 42\,\epsilon$	falls $\psi > -1$: $h_1/t \le 42\,\epsilon\,(0{,}67 + 0{,}33\,\psi)$ falls $\psi < -1$: $h_1/t \le 62\,\epsilon\,(1 - \psi)\,\sqrt{(-\psi)}$

$\epsilon = \sqrt{\dfrac{235}{f_y}}$	f_y	235	275	355	460
	ϵ	1	0,92	0,81	0,72

15

Tabelle 6 – Obere Grenzen für das Verhältnis b_1/t von Flanschteilen rechteckiger Hohlprofile

Flansche: Querschnittsteile parallel zur Biegeachse   Biegeachse

$b_1 = b - 3t$

Klasse		Querschnitt unter Biegung	Querschnitt unter Druck
	Spannungsverteilung in Element und Querschnitt (Druck positiv)	f_y	f_y
1		$b_1/t \le 33\,\epsilon$	$b_1/t \le 42\,\epsilon$
2		$b_1/t \le 38\,\epsilon$	$b_1/t \le 42\,\epsilon$
	Spannungsteilung in Element und Querschnitt (Druck positiv)	f_y	f_y
3		$b_1/t \le 42\,\epsilon$	$b_1/t \le 42\,\epsilon$

$\epsilon = \sqrt{\dfrac{235}{f_y}}$	f_y (N/mm^2)	235	275	355	460
	ϵ	1	0,92	0,81	0,72

In Tabelle 7 werden die b/t- bzw. d/t-Grenzen für die verschiedenen Querschnittsklassen, Querschnittsformen und Beanspruchungsverteilungen angegeben, um einen schnellen Überblick zu haben. Dabei wurde auch für rechteckige Hohlprofile auf die äußeren Seitenlängen b bzw. h bezogen unter Benutzung von $b/t = b_1/t + 3$ bzw. $h/t = b_1/t + 3$.

Bei Anwendung der Nachweisverfahren „elastisch-plastisch" und „plastisch-plastisch" muß das Verhältnis von Zugfestigkeit und Streckgrenze der Baustähle mindestens gleich 1,2 sein.

$$f_u/f_y \ge 1{,}2 \tag{2.1}$$

Eurocode 3 fordert weiterhin eine Mindestbruchdehnung (Meßlänge $l_o = 5{,}65\,\sqrt{A_o}$) von $\ge 15\%$.

Bei Anwendung des Verfahrens „plastisch-plastisch" (volle Rotation) muß die Dehnung ϵ_u bei Zugfestigkeit $f_u \ge$ mindestens das 20fache der Dehnung ϵ_y bei Streckgrenze f_y betragen. Es kann davon ausgegangen werden, daß die Stahlsorten aus Tabelle 1 diese Bedingungen erfüllen.

In den Tabellen 8 und 9 werden die d/t- bzw. b/t-Verhältnisse aus verschiedenen nationalen Regelwerken angegeben [3].

Tabelle 8 zeigt, daß die einzelnen Normenwerke für biegebeanspruchte Rohre erhebliche Abweichungen aufweisen. Für Rohre unter mittiger Druckbeanspruchung sind die Abweichungen wesentlich geringer (kleiner als etwa 10%).

Tabelle 9 zeigt, daß die Unterschiede der einzelnen Normen bei den rechteckigen Hohlprofilen im allgemeinen nicht so groß sind wie bei runden Rohren.

Tabelle 7 – b/t-, h/t- und d/t-Grenzen für die Querschnittsklassen 1, 2 und 3 mit b/t = b_1/t + 3 und h/t = h_1/t + 3

Querschnitt	Element Querschnitts-teil	Klasse	1				2				3			
		f_y (N/mm²)	235	275	355	460	235	275	355	460	235	275	375	460
RHP	Druck*	Druck	45	41,6	36,6	32,2	45	41,6	36,6	32,2	45	41,6	36,6	32,2
RHP	Biegung	Druck	36	33,3	29,3	25,7	41	37,9	33,4	29,3	45	41,6	36,6	32,2
RHP	Biegung	Biegung	75	69,3	61,1	53,6	86,0	79,5	70,0	61,5	127	117,3	103,3	90,8
Rohr	Druck und/oder Biegung		50	42,7	33,1	25,5	70,0	59,8	46,3	35,8	90,0	76,9	59,6	46,0

* Bei einem Gesamtquerschnitt nur unter Druckbeanspruchung besteht kein Unterschied zwischen den b/t- bzw. h/t-Werten der Querschnittsklassen 1, 2 und 3.

Tabelle 8 – Maximale d/t-Verhältnisse für Rohre unter Biegung und Druck nach verschiedenen Regelwerken (d = äußerer Durchmesser; $\epsilon = \sqrt{\dfrac{235}{f_y}}$; f_y in N/mm²)

Land	Normenbezeichnung	Klasse 1	Klasse 2	Klasse 3
Australien	ASDR 87 164	—	$74\,\epsilon^{2\ 2)}$	Biegung: $127\ \epsilon^{2\ 2)}$ Druck: $96,8\,\epsilon^{2\ 2)}$
Belgien	NBN B51-002 08.1988	$50\,\epsilon^2$	$70\,\epsilon^2$	$100\,\epsilon^2$
Niederlande	NEN 6770 Publ. draft, 08.1989	$50\,\epsilon^2$	$70\,\epsilon^2$	$100\,\epsilon^2$
Kanada	CAN/CSA-S16.1 -M89	$55,3\,\epsilon^2$	$76,6\,\epsilon^2$	$97,9\,\epsilon^2$
Deutschland	DIN 18 800 Teil 1 11.1990	$50\,\epsilon^{2\ 1)}$	$70\,\epsilon^{2\ 1)}$	Biegung: $90\,\epsilon^{2\ 1)}$ Mittig. Druck: $70\,\epsilon^{2\ 1)}$
Großbritannien	BS 5950 Part 1 1985	$46,8\,\epsilon^2$	$66,7\,\epsilon^2$	$93,6\,\epsilon^2$
U.S.A.	AISC/LRFD 1986	—	$60,7\,\epsilon^2$	Biegung: $263,0\,\epsilon^2$ Mittig. Druck: $96,8\,\epsilon^2$
Europäische Gemeinschaft	Eurocode 3 Entw. 11.1990	$50\,\epsilon^2$	$70\,\epsilon^2$	$90\,\epsilon^2$

[1] d = mittlerer Durchmesser   [2] d = innerer Durchmesser

Tabelle 9 – Maximale b_1/t-Verhältnisse für rechteckige Hohlprofile unter Biegung und konstanter Druckspannung im untersuchten Querschnittselement nach verschiedenen Regelwerken ($\epsilon = \sqrt{\dfrac{235}{f_y}}$; f_y in N/mm²)

Land	Normenbezeichnung	Klasse 1	Klasse 2	Klasse 3
Australien	ASDR 87 164	—	$29,9\,\epsilon$	warm: $45\ \epsilon$ kalt: $40,4\,\epsilon$
Belgien	NBN B51-002 08.1988	$30\,\epsilon$	$34\,\epsilon$	$42\,\epsilon$
Niederlande	NEN 6770 Publ. draft, 08.1989	$30\,\epsilon$	$34\,\epsilon$	$42\,\epsilon$
Kanada	CAN/CSA-S16.1 -M89	$27,4\,\epsilon$	$34,2\,\epsilon$	$43,7\,\epsilon$
Deutschland	DIN 18 800 Teil 1 11.1990	$32\,\epsilon$	$37\,\epsilon$	$37,8\,\epsilon$
Großbritannien	BS 5950 Part 1 1985	$28,1\,\epsilon$	$34,6\,\epsilon$	$42,2\,\epsilon$
U.S.A.	AISC/LRFD 1986	—	$32,6\,\epsilon$	$40,8\,\epsilon$
Europäische Gemeinschaft	Eurocode 3 Entw. 11.1990	$33\,\epsilon$	$38\,\epsilon$	$42\,\epsilon$

3 Hohlprofile unter zentrischer Druckbeanspruchung

3.1 Allgemeines

Das Knicken einer zentrisch beanspruchten Stütze ist das wohl älteste Stabilitätsproblem und wurde schon von Euler und auch später vielfach behandelt [6]. In jüngerer Zeit haben sich für den Knicknachweis von Druckstäben die sogenannten „europäischen Knickspannungskurven" (Abb. 3) in fast allen europäischen Ländern durchgesetzt. Diese begründen sich auf vielen experimentellen und theoretischen Untersuchungen, die insbesondere die strukturellen (z. B. Eigenspannungen, Streckgrenzenverteilungen) und geometrischen (z. B. Geradheitsabweichungen) Imperfektionen der Stäbe berücksichtigen.

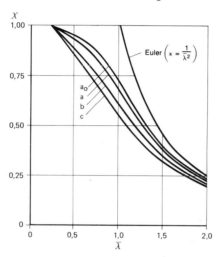

Abb. 3 – Knickspannungskurven [1]

Bei den z. B. in USA und Japan benutzten Verfahren bestehen zu den Ergebnissen aus den „europäischen Knickspannungskurven" nur geringe Differenzen.
Eine eingehende Diskussion über die Unterschiede zwischen den in der Welt gebräuchlichen Knickspannungskurven wird in [3] geführt. Beide Methoden, zulässige Spannungen und Traglast, werden dort berücksichtigt. Für das Traglastverfahren wird meist mit mehreren Knickspannungskurven gearbeitet (z. B. Eurocode 3 mit a_o, a, b und c, auch ähnlich in Australien und Kanada). Andere Regelwerke benutzen wohl aus Einfachheitsgründen eine einzige Knickspannungskurve. Differenzen bis 15% lassen sich in mittlerem Schlankheitsbereich (λ) feststellen.
Dieses Kapitel des Buches beschäftigt sich mit dem Knicken von Hohlprofil-Druckstäben, deren Querschnitte den Klassen 1, 2 und 3 zugeordnet werden können. Dünnwandige Querschnitte (Querschnittsklasse 4) werden in Kapitel 6 behandelt.

3.2 Nachweis gegen Knicken

Es besteht eine Vielzahl von Regelwerken, deren Verfahren sich oft sehr ähnlich sind. Im folgenden wird auf den Eurocode 3 bezug genommen.
Für Hohlprofile wird nur der „Biege-Knickfall" berücksichtigt. „Biegedrill"-Knicken braucht bei geschlossenen Profilen wegen ihrer ungleich größeren Torsionssteifigkeit als bei offenen Profilen nicht untersucht zu werden.

Der Tragfähigkeitsnachweis wird mit

$$N_d \leq N_{b,Rd}$$

geführt.

Dabei ist N_d = Bemessungslast des Knickstabes (aus γ-facher Gebrauchsbelastung)

$N_{b,Rd}$ = Knicklast (Beanspruchbarkeit) des Stabes

$$N_{b,Rd} = \varkappa \cdot A \cdot \frac{f_y}{\gamma_M} \tag{3.1}$$

Dabei ist $\varkappa$ = Reduktionsfaktor aus den Knickspannungskurven (Abb. 3, Tabellen 11 bis 14) in Abhängigkeit der bezogenen Schlankheit $\bar{\lambda}$

A = Querschnittsfläche

f_y = Streckgrenze

γ_M = Teilsicherheitsbeiwert aus der Widerstandsseite (in U.S.A.: $1/\gamma_M = \phi$)

Der Reduktionsfaktor $\varkappa$ bedeutet das Verhältnis der Knicklast $N_{b,Rd}$ des Stabes zur plastischen Axialkraft:

$$\varkappa = \frac{N_{b,Rd}}{N_{pl,Rd}} = \frac{f_{b,Rd}}{f_{y,d}}$$

$$f_{b,Rd} = \text{Spannung bei Knicklast} = \frac{N_{b,Rd}}{A}$$

$$f_{y,d} = \frac{f_y}{\gamma_M} \quad (= \text{Bemessungs-Streckgrenze})$$

Die bezogene Schlankheit $\bar{\lambda}$ ermittelt sich aus:

$$\bar{\lambda} = \frac{\lambda}{\lambda_E} \tag{3.2}$$

mit $\lambda = \dfrac{l_b}{i}$ (l_b = Knicklänge; i = Trägheitshalbmesser)

$$\lambda_E = \pi \cdot \sqrt{\frac{E}{f_y}} \quad (\text{„Eulersche" Schlankheit})$$

E = 210 000 N/mm²

Tabelle 10 a – „Eulersche" Schlankheit für verschiedene Baustähle

Stahlsorte	Fe 360	Fe 430	Fe 510	Fe E 460
f_y (N/mm²)	235	275	355	460
λ_E	93,9	86,8	76,4	67,1

Die Auswahl der Knickspannungskurve (a bis c aus Abb. 3) hängt von der Querschnittsform ab. Der Grund besteht hauptsächlich in den unterschiedlich großen Eigenspannungen der verschiedenen Herstellungsprozesse. Für Hohlprofile gilt Tabelle 10 b.

Tabelle 10 b – Knickspannungskurven, den Herstellungsprozessen zugeordnet [1]
f_{yb} = Streckgrenze des (nicht kaltverformten) Ausgangsmaterials
f_{ya} = Erhöhte Streckgrenze durch Kaltverformung

Querschnitt	Herstellungsprozeß	Knickspannungskurve
	Warmformgebung	a
	Kaltformgebung (f_{yb} angewendet)	b
	Kaltformgebung (f_{ya} angewendet)	c

Tabelle 11 – Knickspannungskurve a_o – Reduktionsfaktor $\varkappa$ [1]

$\bar{\lambda}$	0	1	2	3	4	5	6	7	8	9
0,00	1,0000	1,0000	1,0000	1,0000	1,0000	1,0000	1,0000	1,0000	1,0000	1,0000
0,10	1,0000	1,0000	1,0000	1,0000	1,0000	1,0000	1,0000	1,0000	1,0000	1,0000
0,20	1,0000	0,9986	0,9973	0,9959	0,9945	0,9931	0,9917	0,9903	0,9889	0,9874
0,30	0,9859	0,9845	0,9829	0,9814	0,9799	0,9783	0,9767	0,9751	0,9735	0,9718
0,40	0,9701	0,9684	0,9667	0,9649	0,9631	0,9612	0,9593	0,9574	0,9554	0,9534
0,50	0,9513	0,9492	0,9470	0,9448	0,9425	0,9402	0,9378	0,9354	0,9328	0,9302
0,60	0,9276	0,9248	0,9220	0,9191	0,9161	0,9130	0,9099	0,9066	0,9032	0,8997
0,70	0,8961	0,8924	0,8886	0,8847	0,8806	0,8764	0,8721	0,8676	0,8630	0,8582
0,80	0,8533	0,8483	0,8431	0,8377	0,8322	0,8266	0,8208	0,8148	0,8087	0,8025
0,90	0,7961	0,7895	0,7828	0,7760	0,7691	0,7620	0,7549	0,7476	0,7403	0,7329
1,00	0,7253	0,7178	0,7101	0,7025	0,6948	0,6870	0,6793	0,6715	0,6637	0,6560
1,10	0,6482	0,6405	0,6329	0,6252	0,6176	0,6101	0,6026	0,5951	0,5877	0,5804
1,20	0,5732	0,5660	0,5590	0,5520	0,5450	0,5382	0,5314	0,5248	0,5182	0,5117
1,30	0,5053	0,4990	0,4927	0,4866	0,4806	0,4746	0,4687	0,4629	0,4572	0,4516
1,40	0,4461	0,4407	0,4353	0,4300	0,4248	0,4197	0,4147	0,4097	0,4049	0,4001
1,50	0,3953	0,3907	0,3861	0,3816	0,3772	0,3728	0,3685	0,3643	0,3601	0,3560
1,60	0,3520	0,3480	0,3441	0,3403	0,3365	0,3328	0,3291	0,3255	0,3219	0,3184
1,70	0,3150	0,3116	0,3083	0,3050	0,3017	0,2985	0,2954	0,2923	0,2892	0,2862
1,80	0,2833	0,2804	0,2775	0,2746	0,2719	0,2691	0,2664	0,2637	0,2611	0,2585
1,90	0,2559	0,2534	0,2509	0,2485	0,2461	0,2437	0,2414	0,2390	0,2368	0,2345
2,00	0,2323	0,2301	0,2280	0,2258	0,2237	0,2217	0,2196	0,2176	0,2156	0,2136
2,10	0,2117	0,2098	0,2079	0,2061	0,2042	0,2024	0,2006	0,1989	0,1971	0,1954
2,20	0,1937	0,1920	0,1904	0,1887	0,1871	0,1855	0,1840	0,1824	0,1809	0,1794
2,30	0,1779	0,1764	0,1749	0,1735	0,1721	0,1707	0,1693	0,1679	0,1665	0,1652
2,40	0,1639	0,1626	0,1613	0,1600	0,1587	0,1575	0,1563	0,1550	0,1538	0,1526
2,50	0,1515	0,1503	0,1491	0,1480	0,1469	0,1458	0,1447	0,1436	0,1425	0,1414
2,60	0,1404	0,1394	0,1383	0,1373	0,1363	0,1353	0,1343	0,1333	0,1324	0,1314
2,70	0,1305	0,1296	0,1286	0,1277	0,1268	0,1259	0,1250	0,1242	0,1233	0,1224
2,80	0,1216	0,1207	0,1199	0,1191	0,1183	0,1175	0,1167	0,1159	0,1151	0,1143
2,90	0,1136	0,1128	0,1120	0,1113	0,1106	0,1098	0,1091	0,1084	0,1077	0,1070
3,00	0,1063	0,1056	0,1049	0,1043	0,1036	0,1029	0,1023	0,1016	0,1010	0,1003
3,10	0,0997	0,0991	0,0985	0,0979	0,0972	0,0966	0,0960	0,0955	0,0949	0,0943
3,20	0,0937	0,0931	0,0926	0,0920	0,0915	0,0909	0,0904	0,0898	0,0893	0,0888
3,30	0,0882	0,0877	0,0872	0,0867	0,0862	0,0857	0,0852	0,0847	0,0842	0,0837
3,40	0,0832	0,0828	0,0823	0,0818	0,0814	0,0809	0,0804	0,0800	0,0795	0,0791
3,50	0,0786	0,0782	0,0778	0,0773	0,0769	0,0765	0,0761	0,0756	0,0752	0,0748
3,60	0,0744	0,0740	0,0736	0,0732	0,0728	0,0724	0,0720	0,0717	0,0713	0,0709

Tabelle 12 – Knickspannungskurve a – Reduktionsfaktor $\varkappa$ [1]

$\overline{\lambda}$	0	1	2	3	4	5	6	7	8	9
0,00	1,0000	1,0000	1,0000	1,0000	1,0000	1,0000	1,0000	1,0000	1,0000	1,0000
0,10	1,0000	1,0000	1,0000	1,0000	1,0000	1,0000	1,0000	1,0000	1,0000	1,0000
0,20	1,0000	0,9978	0,9956	0,9934	0,9912	0,9889	0,9867	0,9844	0,9821	0,9798
0,30	0,9775	0,9751	0,9728	0,9704	0,9680	0,9655	0,9630	0,9605	0,9580	0,9554
0,40	0,9528	0,9501	0,9474	0,9447	0,9419	0,9391	0,9363	0,9333	0,9304	0,9273
0,50	0,9243	0,9211	0,9179	0,9147	0,9114	0,9080	0,9045	0,9010	0,8974	0,8937
0,60	0,8900	0,8862	0,8823	0,8783	0,8742	0,8700	0,8657	0,8614	0,8569	0,8524
0,70	0,8477	0,8430	0,8382	0,8332	0,8282	0,8230	0,8178	0,8124	0,8069	0,8014
0,80	0,7957	0,7899	0,7841	0,7781	0,7721	0,7659	0,7597	0,7534	0,7470	0,7405
0,90	0,7339	0,7273	0,7206	0,7139	0,7071	0,7003	0,6934	0,6865	0,6796	0,6726
1,00	0,6656	0,6586	0,6516	0,6446	0,6376	0,6306	0,6236	0,6167	0,6098	0,6029
1,10	0,5960	0,5892	0,5824	0,5757	0,5690	0,5623	0,5557	0,5492	0,5427	0,5363
1,20	0,5300	0,5237	0,5175	0,5114	0,5053	0,4993	0,4934	0,4875	0,4817	0,4760
1,30	0,4703	0,4648	0,4593	0,4538	0,4485	0,4432	0,4380	0,4329	0,4278	0,4228
1,40	0,4179	0,4130	0,4083	0,4036	0,3989	,03943	0,3898	0,3854	0,3810	0,3767
1,50	0,3724	0,3682	0,3641	0,3601	0,3561	0,3521	0,3482	0,3444	0,3406	0,3369
1,60	0,3332	0,3296	0,3261	0,3226	0,3191	0,3157	0,3124	0,3091	0,3058	0,3026
1,70	0,2994	0,2963	0,2933	0,2902	0,2872	0,2843	0,2814	0,2786	0,2757	0,2730
1,80	0,2702	0,2675	0,2649	0,2623	0,2597	0,2571	0,2546	0,2522	0,2497	0,2473
1,90	0,2449	0,2426	0,2403	0,2380	0,2358	0,2335	0,2314	0,2292	0,2271	0,2250
2,00	0,2229	0,2209	0,2188	0,2168	0,2149	0,2129	0,2110	0,2091	0,2073	0,2054
2,10	0,2036	0,2018	0,2001	0,1983	0,1966	0,1949	0,1932	0,1915	0,1899	0,1883
2,20	0,1867	0,1851	0,1836	0,1820	0,1805	0,1790	0,1775	0,1760	0,1746	0,1732
2,30	0,1717	0,1704	0,1690	0,1676	0,1663	0,1649	0,1636	0,1623	0,1610	0,1598
2,40	0,1585	0,1573	0,1560	0,1548	0,1536	0,1524	0,1513	0,1501	0,1490	0,1478
2,50	0,1467	0,1456	0,1445	0,1434	0,1424	0,1413	0,1403	0,1392	0,1382	0,1372
2,60	0,1362	0,1352	0,1342	0,1332	0,1323	0,1313	0,1304	0,1295	0,1285	0,1276
2,70	0,1267	0,1258	0,1250	0,1241	0,1232	0,1224	0,1215	0,1207	0,1198	0,1190
2,80	0,1182	0,1174	0,1166	0,1158	0,1150	0,1143	0,1135	0,1128	0,1120	0,1113
2,90	0,1105	0,1098	0,1091	0,1084	0,1077	0,1070	0,1063	0,1056	0,1049	0,1042
3,00	0,1036	0,1029	0,1022	0,1016	0,1010	0,1003	0,0997	0,0991	0,0985	0,0978
3,10	0,0972	0,0966	0,0960	0,0954	0,0949	0,0943	0,0937	0,0931	0,0926	0,0920
3,20	0,0915	0,0909	0,0904	0,0898	0,0893	0,0888	0,0882	0,0877	0,0872	0,0867
3,30	0,0862	0,0857	0,0852	0,0847	0,0842	0,0837	0,0832	0,0828	0,0823	0,0818
3,40	0,0814	0,0809	0,0804	0,0800	0,0795	0,0791	0,0786	0,0782	0,0778	0,0773
3,50	0,0769	0,0765	0,0761	0,0757	0,0752	0,0748	0,0744	0,0740	0,0736	0,0732
3,60	0,0728	0,0724	0,0721	0,0717	0,0713	0,0709	0,0705	0,0702	0,0698	0,0694

Die Knickspannungskurven lassen sich (für elektronische Berechnungen) auch analytisch darstellen:

$$\varkappa = \frac{1}{\phi + \sqrt{\phi^2 - \overline{\lambda}^2}}, \quad \text{aber } \varkappa \leq 1 \qquad (3.3)$$

$$\text{mit } \phi = 0,5 \,[1 + \alpha \,(\overline{\lambda} - 0,2) + \overline{\lambda}^2] \qquad (3.4)$$

Der „Imperfektions"-Faktor α für die entsprechende Knickspannungskurve ist der folgenden Tabelle zu entnehmen:

Knickkurve	a_o	a	b	c
Imperfektionsfaktor α	0,13	0,21	0,34	0,49

Reduktionsfaktoren $\varkappa$ als Funktion von $\overline{\lambda}$, siehe Tabellen 11 bis 14.

Tabelle 13 – Knickspannungskurve b – Reduktionsfaktor $\varkappa$ [1]

$\bar\lambda$	0	1	2	3	4	5	6	7	8	9
0,00	1,0000	1,0000	1,0000	1,0000	1,0000	1,0000	1,0000	1,0000	1,0000	1,0000
0,10	1,0000	1,0000	1,0000	1,0000	1,0000	1,0000	1,0000	1,0000	1,0000	1,0000
0,20	1,0000	0,9965	0,9929	0,9894	0,9858	0,9822	0,9786	0,9750	0,9714	0,9678
0,30	0,9641	0,9604	0,9567	0,9530	0,9492	0,9455	0,9417	0,9378	0,9339	0,9300
0,40	0,9261	0,9221	0,9181	0,9140	0,9099	0,9057	0,9015	0,8973	0,8930	0,8886
0,50	0,8842	0,8798	0,8752	0,8707	0,8661	0,8614	0,8566	0,8518	0,8470	0,8420
0,60	0,8371	0,8320	0,8269	0,8217	0,8165	0,8112	0,8058	0,8004	0,7949	0,7893
0,70	0,7837	0,7780	0,7723	0,7665	0,7606	0,7547	0,7488	0,7428	0,7367	0,7306
0,80	0,7245	0,7183	0,7120	0,7058	0,6995	0,6931	0,6868	0,6804	0,6740	0,6676
0,90	0,6612	0,6547	0,6483	0,6419	0,6354	0,6290	0,6226	0,6162	0,6098	0,6034
1,00	0,5970	0,5907	0,5844	0,5781	0,5719	0,5657	0,5595	0,5534	0,5473	0,5412
1,10	0,5352	0,5293	0,5234	0,5175	0,5117	0,5060	0,5003	0,4947	0,4891	0,4836
1,20	0,4781	0,4727	0,4674	0,4621	0,4569	0,4517	0,4466	0,4416	0,4366	0,4317
1,30	0,4269	0,4221	0,4174	0,4127	0,4081	0,4035	0,3991	0,3946	0,3903	0,3860
1,40	0,3817	0,3775	0,3734	0,3693	0,3653	0,3613	0,3574	0,3535	0,3497	0,3459
1,50	0,3422	0,3386	0,3350	0,3314	0,3279	0,3245	0,3211	0,3177	0,3144	0,3111
1,60	0,3079	0,3047	0,3016	0,2985	0,2955	0,2925	0,2895	0,2866	0,2837	0,2809
1,70	0,2781	0,2753	0,2726	0,2699	0,2672	0,2646	0,2620	0,2595	0,2570	0,2545
1,80	0,2521	0,2496	0,2473	0,2449	0,2426	0,2403	0,2381	0,2359	0,2337	0,2315
1,90	0,2294	0,2272	0,2252	0,2231	0,2211	0,2191	0,2171	0,2152	0,2132	0,2113
2,00	0,2095	0,2076	0,2058	0,2040	0,2022	0,2004	0,1987	0,1970	0,1953	0,1936
2,10	0,1920	0,1903	0,1887	0,1871	0,1855	0,1840	0,1825	0,1809	0,1794	0,1780
2,20	0,1765	0,1751	0,1736	0,1722	0,1708	0,1694	0,1681	0,1667	0,1654	0,1641
2,30	0,1628	0,1615	0,1602	0,1590	0,1577	0,1565	0,1553	0,1541	0,1529	0,1517
2,40	0,1506	0,1494	0,1483	0,1472	0,1461	0,1450	0,1439	0,1428	0,1418	0,1407
2,50	0,1397	0,1387	0,1376	0,1366	0,1356	0,1347	0,1337	0,1327	0,1318	0,1380
2,60	0,1299	0,1290	0,1281	0,1272	0,1263	0,1254	0,1245	0,1237	0,1228	0,1219
2,70	0,1211	0,1203	0,1195	0,1186	0,1178	0,1170	0,1162	0,1155	0,1147	0,1139
2,80	0,1132	0,1124	0,1117	0,1109	0,1102	0,1095	0,1088	0,1081	0,1074	0,1067
2,90	0,1060	0,1053	0,1046	0,1039	0,1033	0,1026	0,1020	0,1013	0,1007	0,1001
3,00	0,0994	0,0988	0,0982	0,0976	0,0970	0,0964	0,0958	0,0952	0,0946	0,0940
3,10	0,0935	0,0929	0,0924	0,0918	0,0912	0,0907	0,0902	0,0896	0,0891	0,0886
3,20	0,0880	0,0875	0,0870	0,0865	0,0860	0,0855	0,0850	0,0845	0,0840	0,0835
3,30	0,0831	0,0826	0,0821	0,0816	0,0812	0,0807	0,0803	0,0798	0,0794	0,0789
3,40	0,0785	0,0781	0,0776	0,0772	0,0768	0,0763	0,0759	0,0755	0,0751	0,0747
3,50	0,0743	0,0739	0,0735	0,0731	0,0727	0,0723	0,0719	0,0715	0,0712	0,0708
3,60	0,0704	0,0700	0,0697	0,0693	0,0689	0,0686	0,0682	0,0679	0,0675	0,0672

Eurocode 3, Annex D erlaubt für Druckstäbe aus der Stahlsorte FeE 460 [6] die Anwendung der „höheren" Knickspannungskurve „a_o" anstelle von „a" für I-Profile bestimmter Abmessungen. Dies begründet sich damit, daß bei hochfesten Stählen die strukturellen und geometrischen Imperfektionen einen geringeren Einfluß auf das Knickverhalten ausüben als bei normalen Baustählen. Dies wurde durch Versuche und numerische Untersuchungen mit I-Profilen aus FeE 460 bestätigt. Daraus folgernd kann man überlegen, ob auch für Hohlprofile aus FeE 460 die Knickspannungskurve „a_o" anstelle von „a" angewendet werden kann.

Tabelle 14 – Knickspannungskurve c – Reduktionsfaktor x [1]

$\bar{\lambda}$	0	1	2	3	4	5	6	7	8	9
0,00	1,0000	1,0000	1,0000	1,0000	1,0000	1,0000	1,0000	1,0000	1,0000	1,0000
0,10	1,0000	1,0000	1,0000	1,0000	1,0000	1,0000	1,0000	1,0000	1,0000	1,0000
0,20	1,0000	0,9949	0,9898	0,9847	0,9797	0,9746	0,9695	0,9644	0,9593	0,9542
0,30	0,9491	0,9440	0,9389	0,9338	0,9286	0,9235	0,9183	0,9131	0,9078	0,9026
0,40	0,8973	0,8920	0,8867	0,8813	0,8760	0,8705	0,8651	0,8596	0,8541	0,8486
0,50	0,8430	0,8374	0,8317	0,8261	0,8204	0,8146	0,8088	0,8030	0,7972	0,7913
0,60	0,7854	0,7794	0,7735	0,7675	0,7614	0,7554	0,7493	0,7432	0,7370	0,7309
0,70	0,7247	0,7185	0,7123	0,7060	0,6998	0,6935	0,6873	0,6810	0,6747	0,6684
0,80	0,6622	0,6559	0,6496	0,6433	0,6371	0,6308	0,6246	0,6184	0,6122	0,6060
0,90	0,5998	0,5937	0,5876	0,5815	0,5755	0,5695	0,5635	0,5575	0,5516	0,5458
1,00	0,5399	0,5342	0,5284	0,5227	0,5171	0,5115	0,5059	0,5004	0,4950	0,4896
1,10	0,4842	0,4790	0,4737	0,4685	0,4634	0,4583	0,4533	0,4483	0,4434	0,4386
1,20	0,4338	0,4290	0,4243	0,4197	0,4151	0,4106	0,4061	0,4017	0,3974	0,3931
1,30	0,3888	0,3846	0,3805	0,3764	0,3724	0,3684	0,3644	0,3606	0,3567	0,3529
1,40	0,3492	0,3455	0,3419	0,3383	0,3348	0,3313	0,3279	0,3245	0,3211	0,3178
1,50	0,3145	0,3113	0,3081	0,3050	0,3019	0,2989	0,2959	0,2929	0,2900	0,2871
1,60	0,2842	0,2814	0,2786	0,2759	0,2732	0,2705	0,2679	0,2653	0,2627	0,2602
1,70	0,2577	0,2553	0,2528	0,2504	0,2481	0,2457	0,2434	0,2412	0,2389	0,2367
1,80	0,2345	0,2324	0,2302	0,2281	0,2260	0,2240	0,2220	0,2200	0,2180	0,2161
1,90	0,2141	0,2122	0,2104	0,2085	0,2067	0,2049	0,2031	0,2013	0,1996	0,1979
2,00	0,1962	0,1945	0,1929	0,1912	0,1896	0,1880	0,1864	0,1849	0,1833	0,1818
2,10	0,1803	0,1788	0,1774	0,1759	0,1745	0,1731	0,1717	0,1703	0,1689	0,1676
2,20	0,1662	0,1649	0,1636	0,1623	0,1611	0,1598	0,1585	0,1573	0,1561	0,1549
2,30	0,1537	0,1525	0,1514	0,1502	0,1491	0,1480	0,1468	0,1457	0,1446	0,1436
2,40	0,1425	0,1415	0,1404	0,1394	0,1384	0,1374	0,1364	0,1354	0,1344	0,1334
2,50	0,1325	0,1315	0,1306	0,1297	0,1287	0,1278	0,1269	0,1260	0,1252	0,1243
2,60	0,1234	0,1226	0,1217	0,1209	0,1201	0,1193	0,1184	0,1176	0,1168	0,1161
2,70	0,1153	0,1145	0,1137	0,1130	0,1122	0,1115	0,1108	0,1100	0,1093	0,1086
2,80	0,1079	0,1072	0,1065	0,1058	0,1051	0,1045	0,1038	0,1031	0,1025	0,1018
2,90	0,1012	0,1006	0,0999	0,0993	0,0987	0,0981	0,0975	0,0969	0,0963	0,0957
3,00	0,0951	0,0945	0,0939	0,0934	0,0928	0,0922	0,0917	0,0911	0,0906	0,0901
3,10	0,0895	0,0890	0,0885	0,0879	0,0874	0,0869	0,0864	0,0859	0,0854	0,0849
3,20	0,0844	0,0839	0,0835	0,0830	0,0825	0,0820	0,0816	0,0811	0,0806	0,0802
3,30	0,0797	0,0793	0,0789	0,0784	0,0780	0,0775	0,0771	0,0767	0,0763	0,0759
3,40	0,0754	0,0750	0,0746	0,0742	0,0738	0,0734	0,0730	0,0726	0,0722	0,0719
3,50	0,0715	0,0711	0,0707	0,0703	0,0700	0,0696	0,0692	0,0689	0,0685	0,0682
3,60	0,0678	0,0675	0,0671	0,0668	0,0664	0,0661	0,0657	0,0654	0,0651	0,0647

3.3 Bemessungshilfen

Für einen Wert $\bar{\lambda} \le 0{,}2$ ist der Reduktionsfaktor $\varkappa = 1$. Für größere bezogene Schlankheiten $\bar{\lambda}$ muß $\varkappa$ berücksichtigt werden. Für gleiches $\bar{\lambda}$ hängt $\varkappa$ von der Stahlsorte (Streckgrenze f_y) ab. Zur schnellen Ermittlung von Knicklasten sind in den Abb. 4 bis 7 die Knickspannungen auch in Abhängigkeit der gewohnten Schlankheit von $\lambda = \dfrac{l_b}{i}$ (Knicklänge/Trägheitsradius) aufgetragen, wobei die Streckgrenze als Parameter angegeben ist.

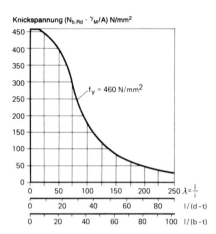

Abb. 4 – Knickspannungskurve für warmgeformte Hohlprofile aus FeE 460 ($f_y = 460 \text{ N/mm}^2$), Basis „a_o" (siehe Tabelle 11)

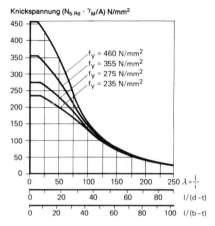

Abb. 6 – Knickspannungskurven für Hohlprofile aus verschiedenen Baustählen, Basis „b" (siehe Tabelle 13)

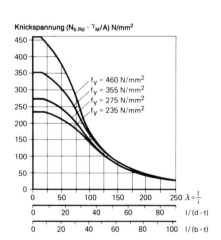

Abb. 5 – Knickspannungskurven für Hohlprofile aus verschiedenen Baustählen, Basis „a" (siehe Tabelle 12)

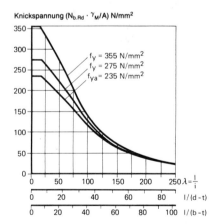

Abb. 7 – Knickspannungskurven für Hohlprofile aus verschiedenen Baustählen, Basis „c" (siehe Tabelle 14)

Für Rohre und quadratische Hohlprofile lassen sich näherungsweise anstelle von λ auch die Abzissenwerte $l/(d-t)$ bzw. $l/(b-t)$ benutzen. Genau gilt dies nur für $t \ll d$ bzw. $t \ll b$.

Dreigurt-Bogenträger als Konstruktionsteil einer Stadionüberdachung

4 Hohlprofile unter Biegebeanspruchung

Ein Nachweis der Kippsicherheit (seitliches Ausweichen und gleichzeitiges Verdrillen bei nur Biegung) ist bei Hohlprofilen üblicher Abmessungen (b/h ≥ 0,5) im allgemeinen nicht erforderlich. Das ist eine Folge ihres großen Torsionsträgheitsmomentes I_t gegenüber offenen Profilen.

4.1 Nachweis gegen Kippen

Das kritische Kippmoment eines Trägers nimmt mit zunehmender Trägerlänge ab.
In Tabelle 15 und Abb. 8 sind die Trägerlängen l (für verschiedene Stahlsorten) angegeben, für die bei Überschreiten ein Kippversagen auftritt.
Die Werte wurden ermittelt mit der Beziehung:

$$\frac{l}{h-t} \leq \frac{113\,400}{f_y} \cdot \frac{\gamma_y^2}{1+\gamma_y} \sqrt{\frac{3+\gamma_y}{1+\gamma_y}} \tag{4.1}$$

f_y = Streckgrenze in N/mm²

$$\gamma_y = \frac{b-t}{h-t}$$

Gleichung 4.1 wurde mit einem bezogenen „Kipp-Schlankheitsgrad" $\bar{\lambda}_{LT}$ = 0,4* ermittelt (s. Eurocode 3 [1]), der definiert ist:

$$\bar{\lambda}_{LT} = \sqrt{\frac{f_y}{f_{Cr,LT}}} \tag{4.2}$$

wobei $f_{Cr,LT}$ die kritische Spannung für das Kippversagen ist.
Gleichung 4.1 gilt für reine Biegung (ungünstigster Lastfall, auf der sicheren Seite) bei elastischer Spannungsverteilung (Querschnittsklasse 3). Sie ist jedoch auch gültig bei plastischer Spannungsverteilung (Querschnittsklasse 1 und 2).
Der kleinste Wert l/(h − t) nach Tabelle 15 beträgt 37,7 (für FeE 460). Nimmt man einen Querschnitt 100 × 200 mm an, so beträgt die „kritische" Länge, bei der Kippen zu erwarten ist:

l_{Cr} = 37,7 · 0,2 = 7,54 m,

eine Spannweite, die für den gegebenen Querschnitt (und Ausnutzung der vollen Streckgrenze bei γ-fachen Lasten) als sehr groß anzusehen ist.

Tabelle 15 – Längenverhältnis l/(h − t) für Rechteckhohlprofile bis zu dem ein Kippnachweis nicht geführt zu werden braucht.

(Diagramm)	γ_y	l/(h − t) ≤			
		f_y = 235 N/mm²	f_y = 275 N/mm²	f_y = 355 N/mm²	f_y = 460 N/mm²
	0,5	73,7	63,0	48,8	37,7
	0,6	93,1	79,5	61,6	47,5
	0,7	112,5	96,2	74,5	57,5
	0,8	132,0	112,8	87,4	67,4
	0,9	151,3	129,3	100,2	77,3
$\gamma_y = \dfrac{b-t}{h-t} = \dfrac{b_m}{h_m}$	1,0	170,6	145,8	112,9	87,2

* $\bar{\lambda}_{LT}$ ≤ 0,4 wird auch in einigen anderen Regelwerken angegeben [3], [21]

5 Hohlprofile unter zusammengesetzter Beanspruchung aus Druck und Biegung

5.1 Allgemeines

Neben der planmäßig zentrisch gedrückten Stütze ist der Fall der aus Biegung und Normalkraft zusammengesetzten Beanspruchung der häufigste Bemessungsfall des Stahlbaus. Das folgende Kapitel behandelt Stäbe aus Querschnitten der Klassen 1, 2 und 3. Dünnwandige Stäbe (Klasse 4) werden in Kapitel 6 untersucht.

5.2 Bemessung

5.2.1 Stabilitätsnachweis des Stabes

Für Hohlprofile braucht der Fall „Biegedrill-Knicken" nicht untersucht zu werden.
Nach Eurocode 3 [1] wird folgender Nachweis für den zu untersuchenden Stab geführt:

$$\frac{N_{Sd}}{N_{b,Rd}} + K_y \frac{M_{y,Sd}}{M_{y,Rd}} + K_z \frac{M_{z,Sd}}{M_{z,Rd}} \leq 1 \tag{5.1}$$

Dabei bedeuten:
N_{Sd} = Bemessungsdruckkraft (aus γ-fachen Lasten)

$$N_{b,Rd} = \varkappa \frac{N_{pl}}{\gamma_M} = \varkappa \frac{A \cdot f_y}{\gamma_M} \tag{5.2}$$

$\varkappa$ = min $(\varkappa_y, \varkappa_z)$ = Reduktionsfaktor (der kleinere von $\varkappa_y$ und $\varkappa_z$), siehe Abschnitt 3.2
A = Querschnittsfläche
f_y = Streckgrenze
γ_M = Teilsicherheitsbeiwert (Widerstandsseite)

$M_{y,Sd}, M_{z,Sd}$ = Größter Absolutwert der Biegemomente um die y- bzw. z-Achse nach Theorie I. Ordnung[1]

$$M_{y,Rd} = W_{el,y} \cdot \frac{f_y}{\gamma_M} \quad \text{bei elastischer Ausnutzung des Querschnitts (Klasse 3)}$$

$$\text{bzw. } M_{y,Rd} = W_{pl,y} \cdot \frac{f_y}{\gamma_M} \quad \text{bei plastischer Ausnutzung des Querschnitts (Klassen 1 und 2)}$$

$$M_{z,Rd} = W_{el,z} \cdot \frac{f_y}{\gamma_M} \quad \text{bei elastischer Ausnutzung des Querschnitts (Klasse 3)}$$

$$\text{bzw. } M_{z,Rd} = W_{pl,z} \cdot \frac{f_y}{\gamma_M} \quad \text{bei plastischer Ausnutzung des Querschnitts (Klassen 1 und 2)}$$

(5.3)

$$K_y = 1 - \frac{N_{Sd}}{\varkappa_y \cdot N_{pl}} \cdot \mu_y, \quad \text{jedoch } K_y \leq 1{,}5 \tag{5.4}$$

$$\mu_y = \bar{\lambda}_y (2\beta_{M,y} - 4) + \left(\frac{W_{pl,y}}{W_{el,y}} - 1\right), \quad \text{jedoch } \mu_y \leq 0{,}9 \tag{5.5}$$

---

[1] Vergrößerung der Momente nach Theorie II. Ordnung wird durch Ermittlung von $\bar{\lambda}_y$ und $\bar{\lambda}_z$ über die Knicklängen am Gesamtsystem berücksichtigt.

$$K_z = 1 - \frac{N_{Sd}}{\varkappa_z \cdot N_{pl}} \cdot \mu_z, \quad \text{jedoch } K_z \leq 1,5 \tag{5.6}$$

$$\mu_z = \bar{\lambda}_z (2\beta_{M,z} - 4) + \left(\frac{W_{pl,z}}{W_{el,z}} - 1\right), \quad \text{jedoch } \mu_z \leq 0,9 \tag{5.7}$$

Bei elastischer Querschnittsausnutzung (Klasse 3) ist in den Gleichungen für μ_y, μ_z der Wert $\frac{W_{pl,z}}{W_{el,z}} = 1$ zu setzen, womit die zweite Klammer = 0 wird.

$\beta_{M,y}$, $\beta_{M,z}$ = Momentenbeiwerte nach Tabelle 16, Spalte 2, zur Erfassung der Form des Biegemomenten-Verlaufes M_y, M_z

Bemerkung 1:
Bei **einachsiger** Biegung mit Normalkraft ist für $\varkappa$ der Reduktionsfaktor für die betrachtete Biegeebene einzusetzen, z. B. $\varkappa_y$ bei Vorhandensein von M_y, mit $M_z = 0$.

Dann ist jedoch zusätzlich der Nachweis zu führen:

$$N_{Sd} \leq \varkappa_z \cdot \frac{A \cdot f_y}{\gamma_M} \tag{5.8}$$

Tabelle 16 – Momentenbeiwert β_M und β_m

	1	2	3
	Momentenverlauf	Momentenbeiwerte β_M	Momentenbeiwerte β_m (Ersatzstabmethode)
1	Stabendmomente M_1 $\psi \cdot M_1$ $-1 \leq \psi \leq 1$	$\beta_{M,\psi} = 1,8 - 0,7\,\psi$	$\beta_{m,\psi} = 0,66 + 0,44\,\psi$, jedoch $\beta_{m,\psi} \geq 1 - \dfrac{N}{N_{Ki}}$ und $\beta_{m,\psi} \geq 0,44$
2	Momente aus Querlast M_Q M_Q	$\beta_{M,Q} = 1,3$ $\beta_{M,Q} = 1,4$	$\beta_{m,Q} = 1,0$
3	Momente aus Querlasten mit Stabendmomenten M_1 M_Q ΔM M_1 M_Q ΔM M_1 M_Q ΔM	$\beta_M = \beta_{M,\psi} + \dfrac{M_Q}{\Delta M}\,(\beta_{M,a} - \beta_{M,\psi})$ $M_Q = |\max M|$ nur aus Querlast $\Delta M = |\max M|$ bei nicht durchschlagendem Momentenverlauf $|\max M| + |\min M|$ bei durchschlagendem Momentenverlauf	$\psi \leq 0,77$: $\beta_m = 1,0$ $\psi > 0,77$: $\beta_m = \dfrac{M_Q + M_1 \cdot \beta_{m,\psi}}{M_Q + M_1}$

Bemerkung 2:

Für den Fall Biegung und Normalkraft wird in der Literatur [21, 22, 23] eine weitere Nachweismethode angegeben, die als „Ersatzstabmethode" bekannt geworden ist [24, 25]. Sie basiert auf der folgenden für einachsige Biegung und Normalkraft häufig benutzten Formel[1]:

$$\frac{N_{Sd}}{\varkappa_y \cdot N_{pl,Rd}} + \frac{\beta_m \cdot M_{y,Sd}}{M_{y,Rd}} \cdot \frac{1}{1 - \frac{N_{Sd}}{N_{Ki}} \cdot \varkappa_y} \leq 1 \tag{5.9}$$

Dabei bedeuten, neben den bereits beschriebenen Größen:

$$N_{pl,Rd} = \frac{A \cdot f_y}{\gamma_M}$$

$$N_{Ki} = \frac{\pi^2 \cdot EI}{l_b^2} = \frac{N_{pl}}{\bar{\lambda}^2} \quad \text{(ideale Eulersche Knicklast)}$$

β_m = Momentenbeiwerte aus Tabelle 16, Spalte 3

$\beta_m < 1$ nur bei unverschieblichen Stabenden und konstanter Druckkraft ohne Querlasten zulässig

$M_{y,Rd}$ nach Gl. (5.3) (elastisch oder plastisch)

Vereinfachend und auf der sicheren Seite kann Gl. (5.9) auch geschrieben werden:

$$\frac{N_{Sd}}{\varkappa_y \cdot N_{pl,Rd}} + \frac{\beta_m \cdot M_{y,Sd}}{M_{y,Rd}} \leq 0{,}9 \tag{5.9a}$$

5.2.2 Spannungsnachweis

Außerdem ist der Spannungsnachweis für den höchstbeanspruchten Querschnitt des Druckstabes zu führen. Dabei sind Normalkraft, Biegemomente M_y, M_z und die Querkraft zu berücksichtigen. Eurocode 3 [1] läßt eine vorhandene Querkraft unberücksichtigt, wenn der Bemessungswert der Querkraft

$$V_{Sd} \leq 0{,}5\, V_{pl,Rd} \tag{5.10}$$

ist.

$V_{pl,Rd}$ = Beanspruchbarkeit bei alleiniger Querkraftbeanspruchung des Querschnitts (Bemessungswert)

$$= 2t \cdot d_m \cdot \frac{f_y}{\sqrt{3} \cdot \gamma_M} \quad \text{für Rohre} \tag{5.11}$$

$$= 2t \cdot h_m \cdot \frac{f_y}{\sqrt{3} \cdot \gamma_M} \tag{5.12}$$

für rechteckige Hohlprofile (b_m statt h_m bei Schubkraft parallel zu b)

$$A_v = 2t \cdot d_m \quad \text{bzw.} \quad 2t \cdot h_m$$

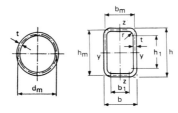

---

[1] Entsprechende Formeln für ein- und zweiachsige Biegung und Normalkraft werden ebenfalls in [21, 23] genannt.

Die Bedingung nach Gl. (5.10) wird in nahezu allen praktischen Fällen erfüllt.

Es sei bemerkt, daß in anderen Regelwerken der Grenzwert $\dfrac{V_{Sd}}{V_{pl,Rd}}$, bis zu dem die Querkräfte vernachlässigt werden dürfen, zum Teil beträchtlich geringer als 0,5 sein kann, siehe z. B. [21].

5.2.2.1 Spannungsnachweis ohne Berücksichtigung der Querkraft [1]

Für die „Plastische" Traglastbegrenzung (Querschnitt der Klasse 1 und 2) gilt:

$$\left(\frac{M_{y,Sd}}{M_{Ny,Rd}}\right)^{\alpha} + \left(\frac{M_{z,Sd}}{M_{Nz,Rd}}\right)^{\beta} \leq 1 \tag{5.13}$$

Dabei bedeuten:

α, β – Exponenten
Für Rohre: $\alpha = \beta = 2$
Für rechteckige Hohlprofile: $\alpha = \beta = \dfrac{1,66}{1 - 1,13\,n^2}$, jedoch ≤ 6 \hfill (5.14)

$$\text{mit } n = \frac{N_{sd}}{N_{pl,Rd}} = \frac{N_{Sd}}{A \cdot \dfrac{f_y}{\gamma_M}} \tag{5.15}$$

$M_{Ny,Rd}$, $M_{Nz,Rd}$ = Infolge Normalkraft reduzierte Bemessungswerte des Biegemomentes im plastischen Zustand

Für rechteckige Hohlprofile:

$$M_{Ny,Rd} = 1,33\, M_{pl,y,Rd}\,(1 - n), \quad \text{jedoch} \leq M_{pl,y,Rd} \tag{5.16}$$

$$M_{Nz,Rd} = M_{pl,z,Rd}\, \frac{(1 - n)}{0,5 + h_m \cdot t/A}, \quad \text{jedoch} \leq M_{pl,z,Rd} \tag{5.17}$$

Für quadratische Hohlprofile:

$$M_{N,Rd} = 1,26\, M_{pl,Rd}\,(1 - n), \quad \text{jedoch} \leq M_{pl,Rd} \tag{5.18}$$

Für Rohre:

$$M_{N,Rd} = 1,04 \cdot M_{pl}\,(1 - n^{1,7}), \quad \text{jedoch} \leq M_{pl} \tag{5.19}$$

Für Rohre gilt anstelle von Gleichung 5.19 auch die genaue (einfachere) Beziehung [23]:

$$\frac{M_{Sd}}{M_{pl,Rd}} \leq \cos\left(\frac{N_{Sd}}{N_{pl,Rd}} \cdot \frac{\pi}{2}\right) \tag{5.20}$$

$$\text{mit } M_{Sd} = \sqrt{M_{y,Sd}^2 + M_{z,Sd}^2} \tag{5.21}$$

Als Querkraftbegrenzung sollte für Rohre $\dfrac{V_{Sd}}{V_{pl,Rd}} \leq 0,25$ gelten.

Bei **elastischer** Traglastbegrenzung gilt anstelle von Gleichung (5.13) die einfache lineare Beziehung:

$$\frac{N_{Sd}}{A \cdot f_{yd}} + \frac{M_{y,Sd}}{W_{el,y} \cdot f_{yd}} + \frac{M_{z,Sd}}{W_{el,z} \cdot f_{yd}} \leq 1 \tag{5.22}$$

mit $f_{yd} = f_y/\gamma_M$

Diese Gleichung kann einfachheitshalber und auf der sicheren Seite auch an Stelle des plastischen Querschnittsnachweises (Klassen 1 und 2) nach Gl. (5.13) benutzt werden.

5.2.2.2 Spannungsnachweis mit Berücksichtigung der Querkraft [1]

Wenn die Schubkraft V_{Sd} 50% der vollplastischen Bemessungsschubkraft $V_{pl,Rd}$ überschreitet, wird dies bei der Ermittlung der Tragfähigkeit des Querschnitts durch eine Reduzierung der Streckgrenze f_y (in Gl. (5.13) und Gl. (5.20)) für die anteilige, mit Schubspannung „belegte" Querschnittsfläche A_r berücksichtigt.

$$\text{red. } f_y = (1 - \varrho) f_y \tag{5.23}$$

$$\varrho = \left(2 \frac{V_{Sd}}{V_{pl,Rd}} - 1 \right)^2 \tag{5.24}$$

$V_{pl,Rd}$ nach Gleichung (5.11) bzw. (5.12).

A_r = Summe der jeweiligen beiden schubbelasteten Stegflächen für rechteckige Hohlprofile

bzw. A_r = Gesamte Querschnittsfläche bei Rohren

Für Rohre läßt sich auch bei Berücksichtigung der Querkraft eine geschlossene, genaue und einfache Lösung angeben [23]:

$$\frac{M_{Sd}}{M_{pl,Rd}} \leq \eta \cdot \cos \left(\frac{N_{Sd}}{\eta \cdot N_{pl,Rd}} \cdot \frac{\pi}{2} \right) \tag{5.25}$$

$$\text{mit } \eta = \sqrt{1 - \left(\frac{V_{Sd}}{V_{pl,Rd}} \right)^2} \tag{5.26}$$

$$V_{Sd} = \sqrt{V_{y,Sd}^2 + V_{z,Sd}^2} \tag{5.27}$$

$V_{pl,Rd}$ nach Gleichung (5.11)
M_{Sd} nach Gleichung (5.21)
Keine Reduzierung von f_y wie in Gleichung (5.23).

Für Rechteckhohlprofile gibt es für die Interaktion bei einachsiger Biegung, Normal- und Querkraft vereinfachte Trangsicherheitsnachweise. In Tabelle 17 sind solche Beziehungen angegeben, die aus [21] entnommen wurden.

Tabelle 17 – Vereinfachte lineare Interaktionsbedingungen für rechteckige Hohlprofile mit einachsiger Biegung, Normalkraft und Querkraft [21]

Momente um y-Achse	Gültigkeitsbereich	$\frac{V_{Sd}}{V_{pl,Rd}} \leq 0,33$	$0,33 < \frac{V_{Sd}}{V_{pl,Rd}} \leq 0,9$
	$\frac{N_{Sd}}{N_{pl,Rd}} \leq 0,1$	$\frac{M_{Sd}}{M_{pl,Rd}} \leq 1$	$0,88 \frac{M_{Sd}}{M_{pl,Rd}} + 0,37 \frac{V_{Sd}}{V_{pl,Rd}} \leq 1$
	$0,1 < \frac{N_{Sd}}{N_{pl,Rd}} \leq 1$	$0,9 \frac{M_{Sd}}{M_{pl,Rd}} + \frac{N_{Sd}}{N_{pl,Rd}} \leq 1$	$0,8 \frac{M_{Sd}}{M_{pl,Rd}} + 0,89 \, N_{Sd}/N_{pl,Rd}$ $+ 0,33 \, V_{Sd}/V_{pl,Rd} \leq 1$

Ebenes abgeknicktes Fachwerk aus Rohren

Zeltdachkonstruktion

33

6 Dünnwandige Querschnitte

6.1 Allgemeines

Die Optimierung des Knickverhaltens von Hohlprofilen führt bei konstanter Querschnittsfläche zu großen Außenabmessungen und kleiner Wanddicke (Trägheitsmoment groß[1]).
Kleine Wanddicken (relativ zur äußeren Abmessung) können durch „lokales" Beulen vorzeitig zum Versagen führen. Die unvermeidlichen Imperfektionen der Querschnitte führen auch zu einer Interaktion zwischen „lokalem" Beulen im Querschnitt und dem Knicken des ganzen Stabes. Dies führt zur Beeinträchtigung des Knickwiderstandes.
Bei Einhaltung der in den Tabellen 4, 5 und 6 genannten d/t- bzw. b/t-Verhältnisse für die jeweilige Querschnittsklasse braucht eine Berücksichtigung des „lokalen" Beulens nicht stattzufinden.
Erst bei Überschreitung der d/t- bzw. b/t-Werte für Klasse 3 ist der Einfluß des Beulens auf die Tragfähigkeit des Querschnittes (und damit der Stäbe) zu ermitteln. Diese Querschnitte werden dann als Klasse 4 eingestuft (vgl. Abb. 2).
Es muß noch angemerkt werden, daß die „lokale Beulgefahr" bei Anwendung und Ausnutzung höherer Streckgrenzen größer wird, so daß kleinere b/t-Verhältnisse einzuhalten sind (siehe Tabellen 4 und 5, letzte Zeilen).
Nach Eurocode 3 [1] wird bei vorhandener Beulgefahr die Ermittlung der Traglast durch die Berechnung „mitwirkender" Breiten vorgenommen, die kleiner als die vorhandenen Abmessungen sind.
In Konstruktionen, die Gegenstand dieses Buches sind, werden Rohre mit einem Verhältnis d/t, das größer als die Grenzwerte max. d/t aus Tabelle 4 ist, kaum verwendet; im allgemeinen ist d/t < 50. Deshalb behandelt Kapitel 6 nur dünnwandige rechteckige Querschnitte der Klasse 4.

6.2 Rechteckige Hohlprofile

6.2.1 Mitwirkende Abmessung von Querschnitten der Klasse 4

Die effektiven statischen Werte von Hohlprofilquerschnitten der Klasse 4 werden unter Berücksichtigung von mittragenden (verminderten) Breiten der unter Druck stehenden Querschnittsteile ermittelt.
Diese mittragenden Breiten von druckbeanspruchten Plattenelementen können Tabelle 18 entnommen werden. Der (Platten-)Beulreduktionsfaktor ϱ kann aus den Gleichungen der Tabelle 19 ermittelt werden. Zur Vereinfachung sind Gl. (6.2) [$\varrho = f(\bar{\lambda})$] in Abb. 8 und Gl. (6.1) [$k_\sigma = f(\psi)$] in Abb. 9 dargestellt.
Zur Berechnung der mittragenden Breite b_{eff} eines Flansches darf das Spannungsverhältnis ψ (s. Tabelle 18) mit dem vollen (nichtreduzierten) Hohlprofilquerschnitt ermittelt werden. Bei Ermittlung der mittragenden Höhe der Stege (h_{eff}) ist der mittragende Querschnitt ($b_{eff} \cdot t$) des gedrückten Flansches, jedoch der volle Querschnitt (h · t) der Stege einzusetzen. Diese Vereinfachung erlaubt eine direkte Berechnung der mittragenden Breiten.
Eine genaue Berechnung läßt sich nur auf iterativem Wege durchführen.
Bei Vorhandensein von Biegemomenten kann sich ergeben, daß nur für **einen** Flansch eine (reduzierte) mittragende Breite wirksam wird. Dies ergibt einen nur noch einfach symmetrischen Querschnitt mit entsprechender Verschiebung der neutralen Achse. Als Folge ist auch z. B. das Widerstandsmoment auf die neue neutrale Achse zu berechnen.

---

[1] Der Trägheitsradius von Rohren und Rechteckhohlprofilen ist annähernd unabhängig von der Wanddicke

Tabelle 18 – Mittragende Breiten für dünnwandige rechteckige Hohlprofile

Spannungsverteilung (Druck positiv) $b_1 = h - 3t$ oder $b - 3t$	Mittragende Breite b_{eff}
$\sigma_1 \quad \sigma_2$ (mit b_{e1}, b_{e2}, b_1)	$b_{eff} = \varrho \cdot b_1$ $b_{e1} = 0,5\, b_{eff}$ $b_{e2} = 0,5\, b_{eff}$
$\sigma_1 \quad \sigma_2$ (mit b_{e1}, b_{e2}, b_1)	$b_{eff} = \varrho \cdot b_1$ $b_{e1} = \dfrac{2\, b_{eff}}{5 - \psi}$ $b_{e2} = b_{eff} - b_{e1}$ $\psi = \dfrac{\sigma_2}{\sigma_1}$
$b_c \quad b_t$; σ_1, b_{e1}, b_{e2}, σ_2, b_1	$b_{eff} = \varrho \cdot b_c$ $b_{e1} = 0,4\, b_{eff}$ $b_{e2} = 0,6\, b_{eff}$

$\psi = \sigma_2/\sigma_1$	$+1$	$+1 > \psi > 0$	0	$0 > \psi > -1$	-1	$-1 > \psi > -2$
Beulfaktor k_σ	$4,0$	$\dfrac{3,2}{1,05 - \psi}$	$7,81$	$7,81 - 6,29\,\psi + 9,78\,\psi^2$	$23,9$	$5,98\,(1 - \psi)^2$

Über den gesamten Bereich kann man auch schreiben:

$$k_\sigma = \frac{16}{\sqrt{(1 + \psi)^2 + 0,112\,(1 - \psi)^2} + (1 + \psi)} \tag{6.1}$$

Platten-Beulreduktionsfaktor ϱ

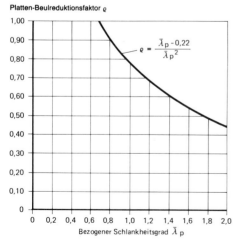

$$\varrho = \frac{\overline{\lambda}_p - 0,22}{\overline{\lambda}_p{}^2}$$

Bezogener Schlankheitsgrad $\overline{\lambda}_p$

Abb. 8 – Platten-Beulreduktionsfaktor ϱ

Beulfaktor K_σ

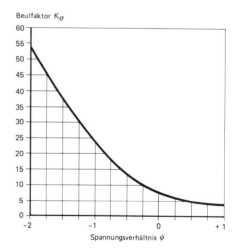

Spannungsverhältnis ψ

Abb. 9 – k_σ gegen ψ

Tabelle 19 – Platten-Beulreduktionsfaktor ϱ

$$\varrho = \frac{\overline{\lambda}_p - 0,22}{\overline{\lambda}_p^2} \le 1,0 \tag{6.2}$$

$\overline{\lambda}_p$ = Bezogener Beul-Schlankheitsgrad auf das flache, druckbeanspruchte Querschnittselement, z. B. der gedrückte Flansch bei Hohlprofilen

$$\overline{\lambda}_p = \sqrt{f_y/f_E} = \frac{b_1/t}{28,4\,\epsilon\,\sqrt{k_\sigma}} \tag{6.3}$$

f_E = Ideale kritische Beulspannung (N/mm²)
f_y = Streckgrenze (N/mm²)
k_σ = Beulfaktor

$$\epsilon = \sqrt{\frac{235}{f_y}}$$

In [2] wird für diese Rechnungsweise vorausgesetzt, daß für die Größe der (inneren) Eckradien gilt:

$r \le 5\,t$

$$\frac{r}{b_1} \le 0,15$$

Dies wird von allen praktisch vorkommenden Hohlprofilabmessungen erfüllt.

Schließlich ist es interessant, daß Eurocode 3 [1, 2] die Definition, wann ist ein Profil „dünnwandig", nicht eindeutig beantwortet.
Die Grenze, für die eine Dünnwandigkeit rechnerisch nicht berücksichtigt zu werden braucht, beträgt nach Tabelle 6 für einen gleichmäßig gedrückten Flansch $b_1/t \le 42$.
Nach Abb. 8 gilt für die gleiche Bedingung die bezogene Beulschlankheit $\overline{\lambda}_p \le 0,673$. Daraus ermittelt sich ebenfalls für den gleichmäßig gedrückten Flansch aus Tabelle 18 mit $k_\sigma = 4,0$ gemäß Gl. (6.3):

$b_1/t = 28,4 \cdot \sqrt{4} \cdot \epsilon \cdot 0,673 = 38,2\,\epsilon$

also kleiner als der Wert $b_1/t = 42\,\epsilon$ nach Tabelle 6.
Es ist bekannt, daß die Plattenbeulgleichung (6.3) auf der sicheren Seite liegt. Aus diesem Grund soll ein mögliches Beulen dünnwandiger Querschnitte erst bei Überschreiten der in der Tabelle 6 genannten b_1/t-Grenzen berücksichtigt werden.

6.2.2 Berechnungsverfahren

6.2.2.1 Spannungsnachweis

Bei Vorliegen „dünnwandiger" Querschnitte der Klasse 4 besteht der eigentliche Unterschied zu „normalen" Querschnitten der Klasse 3 in der Berechnung von „wirksamen" statischen Werten – mittragende Breite, wirksamer Querschnitt und Trägheitsradius sowie wirksames Trägheits- und Widerstandsmoment. Mit diesen „wirksamen" Größen erfolgt der Stabilitätsnachweis dann in gewohnter Weise nach den Regeln für Querschnitte der Klasse 3.
Für dünnwandige Querschnitte lautet die Bemessungsgleichung analog Gl. (5.22)

$$\frac{N_{Sd}}{A_{eff} \cdot f_{yd}} + \frac{M_{y,Sd}}{W_{eff,y} \cdot f_{yd}} + \frac{M_{z,Sd}}{W_{eff,z} \cdot f_{yd}} \le 1 \tag{6.4}$$

$$\text{mit } f_{yd} = \frac{f_y}{\gamma_M}$$

$N_{Sd}, M_{y,Sd}, M_{z,Sd}$ – Schnittkräfte aus γ-fachen Lasten

36

Hohlprofile haben zwei Symmetrie-Achsen. Deshalb führt eine planmäßig zentrisch wirkende Druckbelastung nicht zu einer Verschiebung der neutralen Achse durch mittragende Breite. Es existiert in diesem Fall auch kein zusätzliches Biegemoment aus dieser Verschiebung. Das Verfahren der „mittragenden" Breiten und „wirksamen" statischen Werte für die Ermittlung der Tragfähigkeit dünnwandiger Querschnitte wird in den Regelwerken der meisten Länder genannt.

6.2.2.2 Stabilitätsnachweis

Der Fall „Biegedrillknicken" kann auch bei „dünnwandigen" Hohlprofilen der Klasse 4 unberücksichtigt bleiben [10].

6.2.3 Berechnungshilfen

Für die praktische Anwendung ist der Übergang der Querschnittsklasse 3 in die Querschnittsklasse 4 von besonderer Bedeutung, also diejenige Grenze b/t, unterhalb der die Möglichkeit örtlicher Beulung außer Betracht bleiben kann. Aus Gl. (6.2) ermittelt sich mit $\varrho \approx 1$ für diese Grenze $\bar{\lambda}_p \leq 0{,}673$.

In Abb. 10 ist die Grenze b/t oder h/t in Abhängigkeit des Beulfaktors k_σ (Tabelle 18) und der Streckgrenze f_y zum Ablesen aufgetragen. Links von den Kurven gilt Querschnittsklasse 3, rechts davon Querschnittsklasse 4, alles im elastischen Bereich. Wenn die durch die Kurven definierte b/t-Grenzen überschritten werden (Beulen), ist ein (Beul-)Reduktionsfaktor ϱ nach Gl. (6.2) zu ermitteln.

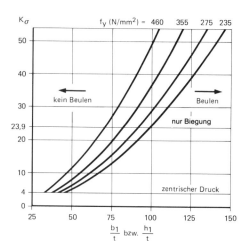

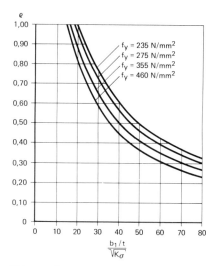

Abb. 10 – Grenzen über das Verhältnis b_1/t bzw. h_1/t unterhalb derer kein Beulnachweis geführt zu werden braucht ($b_1 = b - 3t$); ($h_1 = h - 3t$)

Abb. 11 – Platten-Beulkurven

In Abb. 11 wurde der (Beul-) Reduktionsfaktor ϱ in Abhängigkeit von $\dfrac{b_1/t}{\sqrt{k_\sigma}}$ für verschiedene Streckgrenzen aufgetragen (siehe Gl. 6.3).
Wirksame geometrische Werte von Querschnitten der Klasse 4 kann man mit Hilfe der Formeln in Tab. 20 berechnen. Aus Abb. 12 können die in Tab. 20 benützten Bezeichnungen entnommen werden.

Tabelle 20 – Wirksame geometrische Werte

Axialkraft:

$$A_{eff} = 2t(b_{eff} + h_{eff} + 4t)$$

$$i_{eff,y} = 0{,}289\, h_m \sqrt{3 - \left(\frac{h_{eff} + 2t}{h_m}\right)^2 \left(\frac{3h_m - h_{eff} - 2t}{b_{eff} + h_{eff} + 4t}\right)}$$

$$i_{eff,z} = 0{,}289\, b_m \sqrt{3 - \left(\frac{b_{eff} + 2t}{b_m}\right)^2 \left(\frac{3b_m - b_{eff} - 2t}{b_{eff} + h_{eff} + 4t}\right)}$$

Biegemomente:

$$\delta_y = \left(\frac{h_m}{2}\right)\left(\frac{b_m - b_{eff} - 2t}{2h_m + b_m + b_{eff} + 2t}\right)$$

$$\delta_z = \left(\frac{b_m}{2}\right)\left(\frac{h_m - h_{eff} - 2t}{2b_m + h_m + h_{eff} + 2t}\right)$$

$$W_{eff,y} = t \left[(b_{eff} + 2t)\left(\frac{3h_m}{2} - \delta_y\right) - 2\left(\frac{h_m}{2} - \delta_y\right)(h_m + b_{eff} + 2t) \right.$$

$$\left. + \frac{b_m\left(\frac{h_m}{2} - \delta_y\right)^2 + \frac{2}{3}h_m^3}{\frac{h_m}{2} + \delta_y} \right]$$

$$W_{eff,z} = t \left[(h_{eff} + 2t)\left(\frac{3b_m}{2} - \delta_z\right) - 2\left(\frac{b_m}{2} - \delta_z\right)(b_m + h_{eff} + 2t) \right.$$

$$\left. + \frac{h_m\left(\frac{b_m}{2} - \delta_z\right)^2 + \frac{2}{3}b_m^3}{\frac{b_m}{2} + \delta_z} \right]$$

$$t \ll b$$
$$t \ll h$$

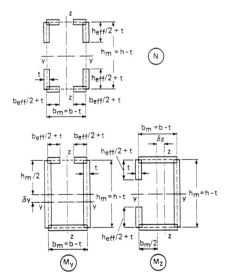

Abb. 12 – Wirksame Querschnitte unter Normalkraft und Biegemoment

6.3 Rundhohlprofile (Rohre)

Für dünnwandige Rohre sind die Verhältnisse beim Beulen, insbesondere aber die Interaktion von Knicken und Beulen, schwieriger als bei Platten zu beurteilen. Dies hängt mit dem Beul-Instabilitätsverhalten von Zylinderschalen – große Imperfektionsempfindlichkeit, plötzliche Tragkraftreduzierung ohne Reserven – zusammen [23].

Eine Berücksichtigung des Beulens hat auch bei Rohren mit Nichteinhaltung (Überschreitung) der d/t-Grenzen der Querschnittsklasse 3 stattzufinden (siehe Tabellen 4 und 7).

In Konstruktionen, die Gegenstand dieses Buches sind, werden Rohre mit einem Verhältnis d/t, das größer als die Grenzwerte in den Tabellen 4 und 7 ist, nicht (oder kaum) verwendet; im allgemeinen ist d/t ≤ 50.

In Fällen, bei denen „dünnwandige" Rohre zur Anwendung kommen, kann auf der sicheren Seite so verfahren werden, daß in den vorangegangenen Formeln die Streckgrenze f_y ersetzt wird durch die realen Beulspannungen* kurzer (bzw. mittellanger) Kreiszylinder.

Die Beulspannungen können nach [26] oder [27] ermittelt werden. das Verfahren ist in beiden Fällen relativ einfach.

---

* σ_u in [26] oder $\sigma_{XS,RK}$ in [27]

7 Knicklängen von Stäben in Fachwerkträgern

7.1 Allgemeines

In Fachwerkträgern sind die Stäbe, Gurte und Füllstäbe, in den Knotenpunkten teilweise eingespannt, obwohl die statische Berechnung bei der Ermittlung der Stabkräfte mit Gelenken in den Knotenpunkten rechnet.

Infolge der teilweisen Einspannung wird für die Knicklängen meist eine Reduktion der Systemlänge l auf die sog. „effektive" Knicklänge l_b vorgenommen.

7.2 Knicklängen von Füll- und Gurtstäben mit seitlich gehaltenen Enden

Das Knicken von Hohlprofilen in Fachwerken wird in [14, 15, 28] behandelt. Darauf aufbauend regelt Eurocode 3 [1, 2, Annex K] die Knicklängen für Hohlprofile in Fachwerkträgern in folgender Weise:

Gurtstäbe:
– Knicken in der Ebene: l_b = 0,9 × Systemlänge zwischen den Knoten
– Knicken senkrecht zur Ebene: l_b = 0,9 × Systemlänge zwischen den seitlichen Lagerungen.

Füllstäbe:
– Knicken in der und senkrecht zur Ebene: l_b = 0,75 × Systemlänge zwischen den Knoten.

Ist bei Füllstäben das Durchmesser- bzw. Breitenverhältnis β < 0,6, so darf für die Füllstäbe die Knicklänge auch nach Tabelle 21 ermittelt werden.

Die Bezeichnungen in Tabelle 21 gelten nur für Füllstäbe, die mit ihrem ganzen Umfang mit dem Gurt verschweißt sind, jedoch nicht für Füllstäbe, deren Enden angedrückt („cropped") oder abgeflacht sind.

Weiterhin gilt Tabelle 21 nicht für Füllstäbe, die voll überlappt am Knoten miteinander verbunden sind.

voll überlappte Knoten

In den beiden letzten Fällen ist für die Knicklänge die ganze Systemlänge einzusetzen.

7.3 Knicklänge von Gurtstäben mit seitlich nicht gehaltenen Knotenpunkten

Die Berechnung ist schwierig und umfangreich, und am besten mit einem Computer durchzuführen.

Die effektive Knicklänge bei seitlich zwischendurch nicht abgestützten Trägergurten kann erheblich niedriger sein als die volle nicht abgestützte Länge.

In [12, 15] werden zwei Berechnungsmethoden für den Fall druckbeanspruchter Hohlprofilgurte von Fachwerkträgern ohne seitliche Abstützung angegeben. Beide Methoden arbeiten iterativ und erfordern einen elektronischen Rechner. Lit. [15] gibt darüber hinaus 64 Diagramme für häufig vorkommende Fälle.

Die wirksame Länge eines Untergurtes bei Druckbeanspruchung (z. B. durch aufwärts gerichtete Lasten) hängt von der Kraft im Gurt, Torsionssteifigkeit des Fachwerkträgers, die Biegesteifigkeit der Pfetten auf dem Obergurt und von der Steifheit der Verbindungen der Pfetten mit dem Träger ab. Für weitere Informationen wird z. B. auf [12, 15] verwiesen.

In einem durchgerechneten Beispiel der unten dargestellten Abbildung konnte die Knicklänge des nicht abgestützten Untergurtes auf 0,32 der gesamten Gurtlänge L reduziert werden.

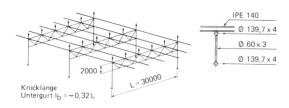

Seitliches Knicken von seitlich nicht abgestützten Gurten

Tabelle 21 – Knicklänge von Füllstäben in Fachwerken aus Hohlprofilen

d_o: Äußerer Gurtdurchmesser bei Rohren d_1: Äußerer Füllstabdurchmesser bei Rohren b_o: Äußere Gurtbreite bei quadratischen Hohlprofilen b_1: Äußere Füllstabbreite bei quadratischen Hohlprofilen	$\beta = \dfrac{d_1}{d_o}$ oder $\dfrac{d_1}{b_o}$ oder $\dfrac{b_1}{b_o}$

Für alle β: $l_b/l = 0,75$	

Falls $\beta < 0,6$, im allgemeinen $0,5 \leq \dfrac{l_b}{l} \leq 0,75$

Genauer berechnen mit:

Gurtstab: Rohr Füllstab: Rohr	$l_b/l = 2,20 \left(\dfrac{d_1^2}{l \cdot d_o} \right)^{0,25}$	(7.1)
Gurtstab: Quadrathohlprofil Füllstab: Rohr	$l_b/l = 2,35 \left(\dfrac{d_1^2}{l \cdot b_o} \right)^{0,25}$	(7.2)
Gurtstab: Quadrathohlprofil Füllstab: Quadrathohlprofil	$l_b/l = 2,30 \left(\dfrac{b_1^2}{l \cdot b_o} \right)^{0,25}$	(7.3)

Fachwerkträger aus Quadrahthohlprofilen gestützt durch Seilkonstruktion

Gesamtübersicht Fachwerküberdachung

8 Bemessungsbeispiele

8.1 Rechteckiges Hohlprofil unter zentrischer Druckbeanspruchung

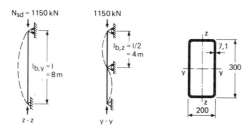

Abb. 13 – Stütze unter mittiger Druckkraft

Gegeben ist ein rechteckiges, warmgefertigtes Hohlprofil mit den Abmessungen 300 × 200 × 7,1 mm. Die Stützenlänge ist 8,0 m; die Stütze sei an beiden Enden gelenkig gelagert. Für Knicken um die schwache Achse sei eine Zwischenabstützung in der Mitte vorhanden.

Zentrische Druckkraft (Bemessungslast) N_{Sd} = 1150 kN

Knicklänge: $I_{b,y}$ = 8,0 m
                   $I_{b,z}$ = 4,0 m

Stahlsorte: Fe 360; f_y = 235 N/mm²

Querschnittswerte: A = 67,7 cm²; i_y = 11,3 cm; i_z = 8,24 cm

$$\text{max. } \frac{b_1}{t} = \frac{300 - 3 \cdot 7,1}{7,1} = 39,25 < 42 \quad \text{(vgl. Tab. 5 und 6)}$$

$$\lambda_y = \frac{800}{11,3} = 70,8; \quad \lambda_z = \frac{400}{8,24} = 48,6 < \lambda_y$$

$$\bar{\lambda}_y = \frac{70,8}{\lambda_E} = \frac{70,8}{93,9} = 0,754 \quad \text{(siehe Tab. 10a)}$$

$$\varkappa_y = 0,821 \quad \text{(Tab. 12, Knickkurve „a")}$$

Nach Gl. (3.1) ist

$$N_{b,Rd} = 0,821 \cdot 6770 \cdot \frac{235}{1,1} \cdot 10^{-3} = 1187 \text{ kN} > 1150 \text{ kN}$$

8.2 Rechteckiges Hohlprofil unter zusammengesetzter Beanspruchung aus Druck und einachsiger Biegung

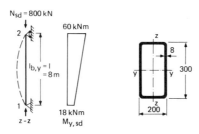

Abb. 14 – Stütze unter Druckkraft und
einachsiger Biegung

Gegeben sei: warmgefertigtes Rechteckhohlprofil 300 × 200 × 8 mm
Normalkraft (Druck) N_{Sd} = 800 kN
Biegemoment $M_{y,Sd}$ = 60 kNm bzw. 18 kNm an den Enden
Knicklänge $l_{b,y}$ = $l_{b,z}$ = 8,0 m
Stahlsorte Fe 430, f_y = 275 N/mm²

Querschnittswerte: A = 75,8 cm²
i_y = 11,2 cm; i_z = 8,20 cm
W_y = 634 cm³; W_z = 510 cm³
$W_{pl,y}$ = 765 cm³; $W_{pl,z}$ = 580 cm³

$$\frac{b_1}{t} = \frac{200 - 3 \cdot 8}{8} = 22$$

$$\frac{h_1}{t} = \frac{300 - 3 \cdot 8}{8} = 34,5$$

$\left.\right\}$ < 38 · 0,92 = 35
für Querschnitte der Klasse 2 bei Fe 430
(siehe Tabellen 5 und 6)

a) Nachweis gegen (Biege-)Knicken

$$\lambda_y = \frac{800}{11,2} = 71,4; \qquad \lambda_z = \frac{800}{8,2} = 97,6$$

$$\bar{\lambda}_y = \frac{71,4}{86,8} = 0,823 \text{ (s. Tab. 10a)}; \quad \bar{\lambda}_z = \frac{97,6}{86,8} = 1,124$$

$\varkappa_y$ = 0,782 (s. Tab. 12, Kurve „a"); $\varkappa_z$ = 0,580

Nach Tab. 16 ist $\beta_{M,y}$ = 1,8 – 0,7 · 0,3 = 1,59 $\left(\text{mit } \psi = \frac{18}{60} = 0,3\right)$

Nach Gl. (5.5) ist μ_y = 0,823 (2 · 1,59 – 4) + $\dfrac{765 - 634}{634}$ = – 0,468 < 0,9

Nach Gl. (5.4) ist K_y = 1 – $\dfrac{(-0,468) \cdot 800 \cdot 10^3}{0,782 \cdot 7580 \cdot 275}$ = 1,23 < 1,5

Nach Gl. (5.1) gilt für den Stabilitätsnachweis um die y-y-Achse:

$$\frac{800 \cdot 10^3 \cdot 1,1}{0,782 \cdot 7580 \cdot 275} + \frac{1,23 \cdot 60 \cdot 10^6 \cdot 1,1}{765 \cdot 10^3 \cdot 275} = 0,540 + 0,386 = 0,926 < 1,0$$

Für Knicken um die z-z-Achse gilt:

$N_{Sd} \leq N_{b,z,Rd}$

$$800 < 0,580 \cdot 7580 \cdot \frac{235 \cdot 10^{-3}}{1,1} = 939 \text{ kN}$$

b) Nachweis des Querschnittswiderstandes

Querkraft V: $V_{y,Sd} = \dfrac{60 - 18}{8}$ = 5,25 kN

Nach Gl. (5.11): $V_{pl,y,Rd}$ = 2 · 8 (300 – 8) · $\dfrac{275 \cdot 10^{-3}}{\sqrt{3} \cdot 1,1}$ = 674 kN

$$\frac{V_{ySd}}{V_{pl,y,Rd}} = \frac{5,25}{674} = 0,008 < 0,5$$

Die Querkraft kann vernachlässigt werden.

Bedingung nach Gl. (5.13): $\dfrac{M_{y,Sd}}{M_{Ny,Rd}} \leq 1,0$

$M_{y,Sd}$ = 60 kNm (max)

Nach Gl. (5.16) ist: $M_{Ny,Rd} = 1{,}33 \cdot 765 \cdot 10^3 \cdot \dfrac{275}{1{,}1} \left(1 - \dfrac{800 \cdot 10^3 \cdot 1{,}1}{7580 \cdot 275}\right)$

$$= 147 \cdot 10^6 \text{ Nmm}$$

$$= 147 \text{ kNm}$$

$$\frac{M_{y,Sd}}{M_{Ny,Rd}} = \frac{60}{147} = 0{,}41 < 1{,}0$$

Nach Tab. 17 kann auch folgende vereinfachte Bedingung benutzt werden:

$$0{,}9 \, \frac{M_{y,Sd}}{M_{pl,y,Rd}} + \frac{N_{Sd}}{N_{pl,y,Rd}} \leq 1{,}0$$

$$0{,}9 \, \frac{60 \cdot 10^6 \cdot 1{,}1}{765 \cdot 10^3 \cdot 275} + \frac{800 \cdot 10^3 \cdot 1{,}1}{7580 \cdot 275} = 0{,}282 + 0{,}422 = 0{,}704 < 1{,}0$$

c) Stabilitätsnachweis nach der Ersatzstabmethode nach Gl. (5.9)

Im Falle der Anwendung von Gl. (5.9) werden außer den schon genannten Größen die

Werte N_{Ki} (ideale Eulersche Last) $= \dfrac{\pi^2 \cdot EI}{I_b^2} = \dfrac{N_{pl,Rd}}{\bar{\lambda}^2}$

sowie β_m nach Tab. 16, Spalte 3 benötigt.

$$N_{Ki} = \frac{A \cdot f_y}{\bar{\lambda}^2 \cdot \gamma_M} = \frac{7580 \cdot 275}{0{,}823 \cdot 1{,}1} = 2798 \text{ kN}$$

$$\beta_m = 0{,}66 + 0{,}44 \cdot \frac{18}{60} = 0{,}792 > \left(1 - \frac{800}{2798}\right) = 0{,}71$$

Nach Gl. (5.9) ist:

$$\frac{800 \cdot 10^3 \cdot 1{,}1}{0{,}782 \cdot 7580 \cdot 275} + \frac{0{,}792 \cdot 60 \cdot 10^6 \cdot 1{,}1}{765 \cdot 10^3 \cdot 275} \cdot \frac{1}{1 - \dfrac{800}{2798} \cdot 0{,}785}$$

$$= 0{,}540 + 0{,}320 = 0{,}860 < 1{,}0$$

8.3 Rechteckiges Hohlprofil unter zusammengesetzter Beanspruchung aus Druck und zweiachsiger Biegung

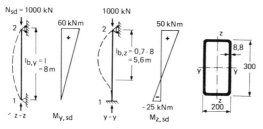

Abb. 15 – Stütze unter · Druckkraft und zweiachsiger Biegung

Berechnet werden soll eine Stütze aus einem warmgefertigten Hohlprofil mit einer Länge 8,00 m, die für die starke Achse beidseitig gelenkig gelagert, jedoch für die schwache Achse am Fuß eingespannt sei.

Hohlprofil $300 \times 200 \times 8,8$ mm

Druckkraft $\quad N_{Sd} = 1000$ kN

Biegemoment $M_{y,Sd} = 60$ kNm
$\qquad\qquad M_{z,Sd} = 50$ kNm

Stahlsorte: Fe 510; $\quad f_y = 355$ N/mm²

Knicklänge: $\quad l_{b,y} = 8,00$ m
$\qquad\qquad\; l_{b,z} = 0,7 \cdot 8,0 = 5,60$ m

Querschnittwerte:
$$\begin{aligned}
A &= 82,9 \text{ cm}^3 \\
W_y &= 689 \text{ cm}^3; \quad W_z = 553 \text{ cm}^3 \\
W_{pl,y} &= 834 \text{ cm}^3; \quad W_{pl,z} = 632 \text{ cm}^3 \\
i_y &= 11,2 \text{ cm}; \quad i_z = 8,16 \text{ cm}
\end{aligned}$$

$$\max \frac{b_1}{t} = \frac{h_1}{t} = \frac{300 - 3 \cdot 8,8}{8,8} = 31,0 \approx 38 \cdot 0,81 = 30,8$$

Der Querschnitt genügt der Klasse 2 für Fe 510.

a) Stabilitätsnachweis (Biegeknicken) nach Gl. (5.1)

$$\lambda_y = \frac{800}{11,2} = 71,4 \qquad \lambda_z = \frac{560}{8,16} = 68,6$$

$$\bar{\lambda}_y = \frac{71,4}{76,4} = 0,935 \qquad \bar{\lambda}_z = \frac{68,6}{76,4} = 0,898$$

$$\varkappa_y = 0,711 \; (= \varkappa_{min}) \qquad \varkappa_z = 0,735 \text{ (Knickspannungskurve ,,a'')}$$

Gl. (5.2): $\quad N_{b,y,Rd} = 0,711 \cdot 8290 \cdot \dfrac{355}{1,1} \cdot 10^{-3} = 1902$ kN $\quad (= \min N_{b,Rd})$

$\qquad\qquad N_{b,z,Rd} = 0,735 \cdot 8290 \cdot \dfrac{355}{1,1} \cdot 10^{-3} = 1966$ kN

Gl. (5.3): $\quad M_{pl,y,Rd} = 834 \cdot 10^3 \cdot \dfrac{355}{1,1} \cdot 10^{-6} = 269$ kNm

$\qquad\qquad M_{pl,z.Rd} = 632 \cdot 10^3 \cdot \dfrac{355}{1,1} \cdot 10^{-6} = 204$ kNm

Tab. 16: $\quad \beta_{M,y} = 1,8$

Gl. (5.5): $\quad \mu_y = 0,935 (2 \cdot 1,8 - 4) + \left(\dfrac{834}{689} - 1 \right) = -0,164 < 0,9$

Gl. (5.4): $\quad K_y = 1 - \dfrac{(-0,164) \, 1000}{1902} = 1,09 < 1,5$

Tab. 16: $\quad \beta_{M,z} = 1,8 - 0,7 \, (-0,5) = 2,15$

Gl. (5.7): $\quad \mu_z = 0,898 (2 \cdot 2,15 - 4) + \left(\dfrac{632}{553} - 1 \right) = 0,412 < 0,9$

Gl. (5.6): $\quad K_z = 1 - \dfrac{0,412 \cdot 1000}{1966} = 0,790 < 1,5$

Nach Gl. (5.1) ist: $\quad \dfrac{1000}{1902} + \dfrac{1,09 \cdot 60}{269} + \dfrac{0,79 \cdot 50}{204} = 0,526 + 0,243 + 0,194$

$$= 0,963 < 1,0$$

b) Spannungsnachweis

Der Nachweis eines ausreichenden Querschnittswiderstandes wird einfachheitshalber und auf der sicheren Seite mit der „elastischen" Gl. (5.22) geführt (alles in kN und mm):

$$\frac{1000}{8290 \cdot 0,355} + \frac{60 \cdot 10^3}{689 \cdot 10^3 \cdot 0,355} + \frac{50 \cdot 10^3}{553 \cdot 10^3 \cdot 0,355} = 0,340 + 0,245 + 0,255$$

$$= 0,84 < 1,0$$

Hätte diese Rechnung zu keinem befriedigenden Ergebnis (also > 1) geführt, so müßte der Nachweis erneut unter Benutzung von Gl. (5.13) geführt werden.
Für Vernachlässigung der Querkraft in den Gleichungen (5.13) und (5.22) ist Voraussetzung, daß $V_{Sd} \leq 0,5 \, V_{pl,Sd}$ ist, siehe Gl. (5.10) [1, 2].

Maßgebend ist hier die z-Achse.

Gl. (5.12): $V_{pl,z,Rd} = 2 \cdot 8,8 \, (200 - 8,8) \dfrac{355}{\sqrt{3} \cdot 1,1} \cdot 10^{-3}$

$$= 627 \text{ kN}$$

$$V_{Sd} = \frac{50 + 25}{8,0} = 9,4 \text{ kN} < 0,5 \cdot 627 = 313,5 \text{ kN}$$

$$\frac{V_{pl}}{V_{pl,z,Rd}} = 0,015 < 0,5$$

8.4 Dünnwandiges rechteckiges Hohlprofil unter zentrischer Druckbeanspruchung

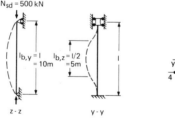

Abb. 16 – Dünnwandige Stütze unter zentrischer Druckbeanspruchung

Entwurf einer dünnwandigen Stütze aus einem kaltgeformten rechteckigen Hohlprofil 400 × 200 × 4 mm (nach ISO 4019 [17]) wird wie folgt durchgeführt.
Die Stütze sei für die starke Achse auf beiden Seiten gelenkig gelagert, für die schwache Achse auf beiden Seiten voll eingespannt.

Material: Fe 430, $f_y = 275 \text{ N/mm}^2$

Stützenlänge: l   = 10 m

Belastung: planmäßig mittige Druckkraft N_{Sd} = 500 kN

Knicklänge: $l_{b,y}$ = 10 m

$$l_{b,z} = \frac{10}{2} = 5 \text{ m}$$

Rechteckiges Hohlprofil 400 × 200 × 4 m

Querschnittsfläche A (nach ISO 4019) = 46,8 cm²

1. Berechnung der mittleren erhöhten Streckgrenze nach Kaltverformung:

Nach Gl. (1.3) $f_{ya} = 275 + \dfrac{14 \cdot 4}{400 + 200}(430 - 275)$

$$= 289 \text{ N/mm}^2 < 1{,}2 \cdot 275 = 330 \text{ N/mm}^2$$

2. Querschnittsklassifikation:

Lange Seite: $\dfrac{h_1}{t} = \dfrac{400 - 3 \cdot 4}{4} = 97$

Schmale Seite: $\dfrac{b_1}{t} = \dfrac{200 - 3 \cdot 4}{4} = 47$

$\left. \right\} > 42 \sqrt{\dfrac{235}{275}} = 38{,}8$

Der Querschnitt ist dünnwandig (Klasse 4), daher Berechnung mit mittragender Breite. Nach Abb. 8 ist die Grenze für das „Plattenbeulen": $\overline{\lambda}_{p,\,\text{Limit}} = 0{,}673$ ($\overline{\lambda}_p$ nach Gl. (6.2) mit $\varrho = 1{,}0$).

Bezogene Beulschlankheiten mit Streckgrenze des Ausgangsmaterials nach Gl. (6.3):

$$\overline{\lambda}_{p,y} = \frac{97}{28{,}4 \cdot \sqrt{4}\,\sqrt{235/275}} = 1{,}85 > 0{,}673$$

$$\overline{\lambda}_{p,z} = \frac{47}{28{,}4 \cdot \sqrt{4}\,\sqrt{235/275}} = 0{,}90 > 0{,}673$$

Bezogene Beulschlankheiten mit mittlerer erhöhter Streckgrenze nach Kaltverformung:

$$\overline{\lambda}_{p,y} = \frac{97}{28{,}4 \cdot \sqrt{4}\,\sqrt{235/289}} = 1{,}89 > 0{,}673$$

$$\overline{\lambda}_{p,z} = \frac{47}{28{,}4 \cdot \sqrt{4}\,\sqrt{235/289}} = 0{,}92 > 0{,}673$$

In allen Fällen gehört der Querschnitt in die Klasse 4.

3. Wirksame geometrische Werte

a) Mit Streckgrenze des Ausgangsmaterials und $k_o = 4$ (reiner Druck) wird

$\left. \begin{array}{l} \varrho_y = 0{,}476 \\ \varrho_z = 0{,}840 \end{array} \right\}$ nach Gl. (6.2)

$\left. \begin{array}{l} h_{eff} = 0{,}476\,(400 - 3 \cdot 4) = 184{,}7 \text{ mm} \\ b_{eff} = 0{,}840\,(200 - 3 \cdot 4) = 157{,}7 \text{ mm} \end{array} \right\}$ nach Tab. 18

$A_{eff} = 28{,}69 \text{ cm}^2$
$i_{eff,y} = 17{,}50 \text{ cm}$
$i_{eff,z} = 8{,}76 \text{ cm}$

b) Mit mittlerer erhöhter Streckgrenze nach Kaltverformung

$\left. \begin{array}{l} \varrho_y = 0{,}468 \\ \varrho_z = 0{,}827 \end{array} \right\}$ siehe Gl. (6.2)

$h_{eff} = 0{,}468\,(400 - 3 \cdot 4) = 181{,}6 \text{ mm}$
$b_{eff} = 0{,}827\,(200 - 3 \cdot 4) = 155{,}5 \text{ mm}$

$A_{eff} = 28{,}25 \text{ cm}^2$
$i_{eff,y} = 17{,}60 \text{ cm}$
$i_{eff,z} = 8{,}33 \text{ cm}$

4. Nachweis gegen Knicken

a) Mit Streckgrenze des Ausgangsmaterials:

- Starke Achse

$$\lambda_y = \frac{1000}{17,5} = 57,1$$

$$\bar{\lambda}_y = \frac{57,1}{86,8} = 0,66$$

$$\varkappa_y = 0,806 \quad \text{(nach Tab. 13, Kurve „b")}$$

$$N_{b,Rd} = 0,806 \cdot 2869 \cdot \frac{275}{1,1} = 578 \text{ kN} \quad \text{(siehe Gl. 3.1)}$$

- Schwache Achse

$$\lambda_z = \frac{500}{8,76} = 57,1$$

$$\bar{\lambda}_z = \frac{57,1}{86,8} = 0,66 > 0,2$$

$$\varkappa_z = 0,806 \quad \text{(nach Tab. 13, Kurve „b")}$$

$$N_{b,Rd} = 0,806 \cdot 2869 \cdot \frac{275}{1,1} = 578 \text{ kN}$$

b) Mit mittlerer erhöhter Streckgrenze infolge Kaltverformung:

$$\lambda_E = 93,9 \sqrt{235/289} = 84,7$$

- Starke Achse

$$\lambda_y = \frac{1000}{17,6} = 56,8$$

$$\bar{\lambda}_y = \frac{56,8}{84,7} = 0,67 > 0,2$$

$$\varkappa_y = 0,743 \quad \text{(nach Tab. 14, Kurve „c")}$$

$$N_{b,Rd} = 0,743 \cdot 2825 \cdot \frac{289}{1,1} = 551 \text{ kN}$$

- Schmale Achse

$$\lambda_z = \frac{500}{8,33} = 60,0$$

$$\bar{\lambda}_z = \frac{60}{84,7} = 0,71 > 0,2$$

$$\varkappa_z = 0,719 \quad \text{(nach Tab. 14, Kurve „c")}$$

$$N_{b,Rd} = 0,719 \cdot 2825 \cdot \frac{289}{1,1} = 534 \text{ kN}$$

Beurteilung:
Nach beiden Kriterien (Ausgangs- und erhöhte Streckgrenze) liegt die Bemesssungs-druckkraft (= 500 kN) unterhalb der Versagenslast $N_{b,Rd}$. Dabei sind die Versagenslasten für die starke und schwache Achse etwas verschieden. Der Querschnitt wurde wirtschaft-lich gewählt.

8.5 Dünnwandiges rechteckiges Hohlprofil unter einachsiger Biegung und Normalkraft

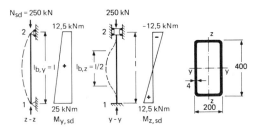

Abb. 17 – Dünnwandige Stütze unter Druckkraft
und zweiachsiger Biegung

Nachweis des gleichen rechteckigen kaltgeformten Hohlprofils wie unter Abschnitt 8.4 unter Beanspruchung von

N_{Sd} = 250 kN
$M_{y,Sd}$ = 25 kNm bzw. 12,5 kNm an den Enden, vgl. Abb. 17
$M_{z,Sd}$ = 12,5 kNm bzw. − 12,5 kNm

Für Bauteile unter Biegung gilt auch bei kaltgefertigten Profilen immer die Anwendung der Ausgangsstreckgrenze, d.h. es findet keine Berücksichtigung der Kaltverfestigung statt.

$f_{y,b}$ = f_y = 275 N/mm²
l = 10 m
$l_{b,y}$ = 10 m
$l_{b,z}$ = 5 m

Aus Beispiel 8.4:

$\varkappa_y$ = 0,806 → $\bar{\lambda}_y$ = 0,66 (= $\bar{\lambda}_z$)
h_{eff} = 184,7 mm
b_{eff} = 157,9 mm
A_{eff} = 28,69 cm²
$i_{eff,y}$ = 17,5 cm
$i_{eff,z}$ = 8,76 cm

Endmomentenverhältnisse:

$$\psi_y = \frac{12,5}{25} = 0,5 \qquad \beta_{M,y} = 1,45$$

$$\psi_z = \frac{-12,5}{12,5} = -1,0 \quad \beta_{M,z} = 2,50$$

nach Tab. 16, Spalte 2

Weitere wirksame geometrische Werte nach Tab. 20:

δ_y = 5,2 mm
δ_z = 20,3 mm
$W_{eff,y}$ = 482,2 cm³
$W_{eff,z}$ = 219,9 cm³
μ_y = $\bar{\lambda}_y (2\beta_{M,y} - 4)$ = 0,66 (2 · 1,45 − 4) = − 0,726 < 0,9

50

$$K_y = 1 - \frac{-0,726 \cdot 250 \cdot 10^3}{0,806 \cdot 2869 \cdot 275} = 1,256 < 1,5$$

$$\mu_z = 0,66 \, (2 \cdot 2,50 - 4) = 0,66 < 0,9$$

$$K_z = 1 - \frac{0,66 \cdot 250 \cdot 10^3}{0,811 \cdot 2869 \cdot 275} = 0,742 < 1,5$$

Stabilitätsnachweis nach Gl. (5.1):

$$\frac{250\,000 \cdot 1,1}{0,806 \cdot 2869 \cdot 275} + \frac{1,256 \cdot 25 \cdot 10^6 \cdot 1,1}{482,2 \cdot 10^3 \cdot 275} + \frac{0,742 \cdot 12,5 \cdot 10^6 \cdot 1,1}{219,9 \cdot 10^3 \cdot 275}$$

$$= 0,432 + 0,260 + 0,169 = 0,861 < 1,0$$

Querschnittnachweis nach Gl. (5.22) für höchstbelasteten Querschnitt am unteren Ende (Abb. 17):

$$\frac{250 \cdot 10^3 \cdot 1,1}{2869 \cdot 275} + \frac{25 \cdot 10^6 \cdot 1,1}{482,2 \cdot 10^3 \cdot 275} + \frac{12,5 \cdot 10^6 \cdot 1,1}{219,9 \cdot 10^3 \cdot 275}$$

$$= 0,348 + 0,207 + 0,227 = 0,782 < 1,0$$

Beurteilung:
Der Querschnitt ist ausreichend bemessen.

9 Symbole

A, A_o (Gesamt-)Querschnittsfläche
A_{eff} Effektive (wirksame) Querschnittsfläche
E   Elastizitätsmodul
F   Berechneter Wert einer Belastungsgröße
G   Schubmodul
I   Trägheitsmoment
I_{eff} Effektives Trägheitsmoment
K_y, K_z Beiwerte (siehe Gl. 5.1, 5.4, 5.6)
$M_{N,Rd}$ Reduzierte plastische Momentenbeanspruchbarkeit (Bemessungswert mit γ_M) bei Berücksichtigung der Normalkraft
M_{Sd} Bemessungswert des Biegemomentes
$N_{b,Rd}$ Bemessungswert der Knickbeanspruchbarkeit
$N_{pl,Rd}$ Plastischer Bemessungswert der Druckbeanspruchbarkeit
N_{Sd} Bemessungswert der Axialkraft
R   Beanspruchbarkeit
RHP   Rechteckhohlprofile
$V_{pl,Rd}$ Plastische Schubbeanspruchbarkeit
V_{Sd} Bemessungswert der Schubbeanspruchung
W   Widerstandsmoment
W_{eff} Effektives (wirksames) Widerstandsmoment
W_{pl} Plastisches Widerstandsmoment

b, h   Äußere Seitenlängen eines rechteckigen Hohlprofils
b_1, h_1 Gerader Teil der Seitenlänge eines rechteckigen Hohlprofils (siehe Tabelle 6)
b_m, h_m Mittlere Seitenlängen bei rechteckigen Hohlprofilen

b_c
b_e
b_{eff} } Siehe Tabelle 18
b_t

d   Außendurchmesser von Rohren
f_E Ideelle kritische Beulspannung bei Platten
f_u Zugfestigkeit des Stahls
f_y Streckgrenze des Stahls
f_{ya} Durchschnittliche Streckgrenze von kaltgeformten Hohlprofilen
f_{yb} Streckgrenze des Ausgangsmaterials bei kaltgeformten Hohlprofilen

f_{yd} Bemessungswert der Streckgrenze $\left(= \dfrac{f_y}{\gamma_M} \right)$

$f_{Cr,LT}$ Kritische (elastische) Spannung bei Kippversagen
i   Trägheitsradius
i_{eff} Effektiver Trägheitsradius
k_σ Beulfaktor (siehe Tabelle 19)
l, L   Länge
l_b Knicklänge
r   Innerer Eckradius bei rechteckigen Hohlprofilen
t   Wanddicke
y   Starke Querschnittsachse
z   Schwache Querschnittsachse

α	Temperaturausdehnungkoeffizient (siehe Tabelle 1)
α	Imperfektionsfaktor zur Ermittlung der Knickkurven
α, β	Exponenten für Interaktion bei zweiachsiger Biegung
β_M, β_m	Momentenbeiwerte (siehe Tabelle 16)
γ_y	Verhältnis der mittleren Breite zur mittleren Höhe $\left(\dfrac{b-t}{h-t}\right)$ bei rechteckigen Hohlprofilen
γ_M	Teilsicherheitsfaktor auf der Widerstandsseite
ϱ	Verschiebung der neutralen Achse bei dünnwandigen Profilen (siehe Tabelle 20 und Abb. 12)
ϱ	Reduktionsfaktor zur Ermittlung der mittragenden Breite
ϵ_u	Bruchdehnung
ϵ_y	Dehnung bei Streckgrenze
λ	Schlankheitsgrad einer Stütze
λ_E	Eulersche Schlankheit
$\bar{\lambda}$	Bezogener Schlankheitsgrad einer Stütze
$\bar{\lambda}_{LT}$	Bezogener Kippschlankheitsgrad bei Biegung
$\bar{\lambda}_p$	Bezogener Schlankheitsgrad bei Platte
μ	Faktor (siehe Gl. (5.5) und (5.7))
ν	Querdehnungszahl (0,3 für Stahl)
ϱ	Reduktionsfaktor für die Streckgrenze bei Berücksichtigung der Querkraft
$\varkappa$	Reduktionsfaktor nach den Europäischen Knickspannungskurven
ψ	Momenten- oder Spannungsverhältnis an den Stabenden (Tabelle 16 bzw. Tabelle 18)

10 Literaturverzeichnis

[1] EC3: Eurocode No. 3, Design of Steel Structures, Part I – General Rules and Rules for Buildings. Commission of the European Communities, volume 1, chapters 1 to 9, November 1990 (Draft).

[2] EC3: Eurodoce No. 3, Design of Steel Structures, Part 1 – General Rules and Rules for Buildings. Commission of the European Communities, volume 2 – annexes, July 1990 (Draft).

[3] SSRC: Stability of Metal Structures – A World View. Structural Stability Research Council, 2nd Edition, 1991.

[4] Sherman, D. R.: Inelastic Flexural Buckling of Cylinders. Steel Structures – Recent Research Advances and their Application to Design, International Conference, Budva, M. N. Pavlovic, editor, Elsevier, London, 1986.

[5] Johnston, B. G.: Column Buckling Theory – Historic Highlights. A. S. C. E., Journal of the Structural Division, Vol. 109, No. 9, September 1993.

[6] EC3: Eurocode No. 3, Design of Steel Structures, Part 1 – General Rules and Rules for Buildings. Annex D – The Use of Steel Grade FeE 460, Commission of the European Communities, Report EC3 – 90-Cl-D3Rev, July 1990.

[7] Beer, H., and Schulz, G.: The European Buckling Curves, International Association for Bridge and Structural Engineering, Proceedings of the International Colloqium on Column Strength, Paris, November 1972.

[8] Austin, W. J.: Strength and Design of Metal Beam-Columns, A. S. C. E. Journal of the Structural Devision, Vol. 87, No. 4, April 1961.

[9] Chen, W. F., and Atsuta, T.: Theory of Beam-Columns, Volume 1: In Plane Behaviour and Design. Mc.Graw Hill, New-York, 1976.

[10] Rondal, J., and Maquoi, R.: Stabilité des poteaux en profils creux en acier, Soditube, Notice 1117, Paris, Mai 1986.

[11] Ellinas, C. P., and Croll, J. G. A.: Design Loads for Elastic-Plastic Buckling of Cylinders under Combined Axial and Pressure Loading, Proceedings of the BOSS '82 Conference, Boston, August 1982.

[12] CIDECT: Construction with Hollow Steel Sections, ISBN 0-9510062-07, December 1984.

[13] Grimault, J. P.: Longueur de flambement des treillis en profils creux soudés sur membrures en profils creux, Cidect report 3E-3G-80/3, January 1980.

[14] Rondal, J.: Effective Lengths of Tubular Lattice Girder Members, Statistical Tests, Cidect report 3K – 88/9, August 1988.

[15] Mouty, J.: Effective Lengths of Lattics Girder Members, Cidect, Monograph No. 4, 1980.

[16] ISO/DIS 657-14: Hot-rolled steel Sections; Part 14: Hot formed structural hollow sections – Dimensions and sectional properties, Draft Revision of Second edition ISO 657: 14 – 1982.

[17] ISO 4019: Cold-finished steel structural hollow sections – Dimensions and sectional properties, 1st edition, 1982.

[18] ISO 630: Structural Steels, 1st edition, 1980.

[19] IIW XV – 701/89: Design Recommendations for hollow section joints – Predominantly statically loaded, 2nd Edition, 1989, International Institute of Welding.

[20] prEN 10 210: Hot finished structural hollow section of non-alloy and fine grained structural steels
Part 1: Technical delivery requirements, 1991.
Part 2: Tolerrances, dimensions and sectional properties (in Vorbereitung).

[21] DIN 18 800,
Teil 1: Stahlbauten, Bemessung und Konstruktion, November 1990.
Teil 2: Stahlbauten, Stabilitätsfälle, Knicken von Stäben und Stabwerken, November 1990.

[22] ECCS-CECM-EKS: European Recommendation for Steel Structures – 2E, March 1978

[23] Dutta, D., und Würker K.-G.: Handbuch Hohlprofile in Stahlkonstruktionen, Verlag TÜV Rheinland GmbH, Köln 1988.

[24] Roik, K., und Kindmann, R.: Das Ersatzstabverfahren – Tragsicherheitsnachweise für Stabwerke bei einachsiger Biegung und Normalkraft, Der Stahlbau 5/1982.

[25] Roik, K., und Kindmann, R.: Das Ersatzstabverfahren – eine Nachweisform für den einfeldrigen Stab bei planmäßig einachsiger Biegung mit Druckkraft, Der Stahlbau 12/1981.

[26] European Convention for Constructional Steelwork (ECCS-EKS): Buckling of Steel shells, European Recommendations (section 4.6 als selbständige Schrift), 4th Edition, 1988.

[27] DIN 18 800, Teil 4: Stahlbeton, Stabilitätsfälle, Schalenbeulen, November 1990.

[28] Sedlacek, G., Wardenier, J.., Dutta. D., und Grotmann, D.: Eurocode 3 (draft), Annex K – Hollow section lattice girder connections, October 1991.

[29] prEN 10 219-1, 1991: Cold formed structural hollow section of non-alloy and fine grain structural steels, Part 1 – Technical delivery conditions, ECISS/TC 10/SC 1, Structural Steels: Hollow Sections.

[30] Boeraeve, P., Maquoi, R., und Rondal, J.: Influence of imperfections on the ultimate carrying capacity of centrically loaded columns, 1st International Correspondence Conference „Design Limit States of Steel Structures", Technical University of Brno, Czechoslovakia, Brno, 1983.

[31] EN 10 025: Hot-rolled products of non-alloy structural steels, Technical delivery conditions, March 1991.

[32] European Convention for Constructional Steelwork: ECCS-E6-76, Appendix No. 5: Thin walled cold formed members.

[33] Entwurf DIN EN 10 210 Teil 1, Februar 1991: Warmgefestigte Hohlprofile für den Stahlbau aus unlegierten Baustählen und aus Feinkornbaustählen;
Teil 1: Technische Lieferbedingungen; Deutsche Fassung prEN 10 210-1: 1990.

Bildquellen:

Die Autoren bedanken sich für die freundliche Überlassung des Bildmaterials bei den folgenden Firmen:
British Steel plc.
Mannesmannröhren-Werke A.G.
Mannhardt Stahlbau
Ilva Form
Valexy

Internationales Komitee für Forschung und Entwicklung von Rohrkonstruktionen

CIDECT wurde 1962 gegründet und faßt die Forschungskapazitäten aller bedeutenden Rohrhersteller zusammen, um die Anwendung von Hohlprofilen weltweit zu fördern.

Die Ziele der Arbeit von CIDECT sind:

○ durch Forschungen und Studien die Kenntnis über Hohlprofile und ihre Anwendung im Stahl- und Maschinenbau zu erweitern

○ Herstellung und Pflege von Kontakten und von Erfahrungsaustausch zwischen den Hohlprofil-Herstellern und deren Anwendern, d. h. Architekten, Ingenieure und Stahlbauunternehmen über die ganze Welt

○ Förderung der Anwendung von Hohlprofilen, wo immer Technik und/oder Architektur dies geeignet erscheinen lassen, i. a. durch Information, Publikationen, auch der CIDECT-Forschungsergebnisse, Abhaltung von Kongressen usw.

○ Zusammenarbeit mit nationalen und internationalen Organisationen, insbesondere bei Bearbeitung von Entwurfs- und Berechnungsregeln und Normen.

Technische Aktivitäten

Die technischen Aktivitäten von CIDECT betreffen folgende Gebiete:

○ Knick-Verhalten von Hohlprofilen, auch betongefüllt
○ Effektive Knicklänge von Fachwerkstäben
○ Brandverhalten von betongefüllten Hohlprofilen
○ Tragfähigkeitsverhalten von geschweißten und geschraubten Knoten
○ Zeit- und Dauerfestigkeitsverhalten von Knoten-Verbindungen
○ Aerodynamische Eigenschaften, Windwiderstand
○ Biegetragfähigkeit
○ Korrosionsverhalten und Korrosionsschutz von Hohlprofilkonstruktionen
○ Werkstatt, Zusammenbau

Die Ergebnisse der CIDECT-Forschungsarbeiten sind Grundlage vieler nationaler und internationaler Regelwerke und Normen geworden.

CIDECT in Zukunft

Die zukünftige Arbeit will auf der einen Seite nach vorhandenen Lücken in einigen Teilbereichen bei der Verwendung von Hohlprofilen klären. Andererseits sollen die vorhandenen Forschungsergebnisse verstärkt in praktische, einfach anwendbare Regeln umgesetzt werden.

CIDECT-Veröffentlichungen

Durch Veröffentlichungen will CIDECT die Absicht nach Bekanntmachung und Verteilung der Forschungsergebnisse verwirklichen.

Neben den (End-)Berichten über die von CIDECT durchgeführten Forschungsprogramme (zu beziehen über das CIDECT-Sekretariat) hat CIDECT eine Reihe von Monografien herausgegeben, die verschiedene Themen zu Hohlprofilkonstruktionen behandelt. Diese sind in englischer, französischer und deutscher Sprache verfügbar, wie angegeben.

Monografie Nr. 3 – Der Windwiderstand von Fachwerken aus zylindrischen Stäben und seine Berechnung (D, E, F)
Monografie Nr. 4 – Knicklängen-Ermittlung der Stäbe von Fachwerkträgern (D, E, F)
Monografie Nr. 5 – Concrete-filled Hollow Section Columns (E, F)
Monografie Nr. 6 – The Strength and Behaviour of Statically Loaded Welded Connections in Structural Hollow Sections (E)
Monografie Nr. 7 – Schwingfestigkeit geschweißter Hohlprofil-Verbindungen (D, E)

Ein Buch „Hohlprofile in Stahlkonstruktionen", das von CIDECT in Deutsch, Englisch, Französisch und Spanisch bearbeitet und mit Hilfe der Europäischen Gemeinschaft 1988 veröffentlicht wurde, behandelt den Stand der Technik auf Grund der in aller Welt durchgeführten Entwicklungsarbeiten hinsichtlich des Konstruierens mit Hohlprofilen.

Exemplare der o. g. Veröffentlichungen können von den unten aufgeführten CIDECT-Mitgliedsfirmen angefordert werden, die auch Auskunft zu einzelnen technischen Fragen erteilen.

CIDECT Organisation:

(1992)

○ Präsident: J. C. Ehlers (Deutschland)
Vizepräsident: C. L. Bijl (Niederlande)

○ General-Versammlung aller Mitglieder einmal im Jahr. Sie wählt auch das Exekutiv-Komitee, das für Verwaltung und Festlegung der Verbandspolitik zuständig ist.

○ Die Technische Kommission und ihre Arbeitsgruppen sind verantwortlich für die Forschungsarbeit sowie die Förderung der Anwendung von Hohlprofilen. Sie treten mindestens einmal im Jahr zusammen.

○ Sekretariat in Düsseldorf, verantwortlich für die Tagesarbeit des CIDECT-Verbandes.

Mitglieder

(1992)

○ Altos Hornos de Vizcaya S.A., Spanien
○ British Steel PLC, Großbritannien
○ Hoesch Rohr AG, Deutschland
○ ILVA Form, Italien
○ IPSCO Inc., Kanada
○ Laminoirs de Longtain, Belgien
○ Mannesmannröhren-Werke AG, Deutschland
○ Mannstädt-Werke GmbH & Co., Deutschland
○ Nippon Steel Metal Products Co. Ltd., Japan
○ Rautaruukki Oy, Finnland
○ Sonnichsen A/S, Norwegen
○ Tubemakers of Australia, Australien
○ Van Leeuwen, Niederlande
○ Valexy, Frankreich
○ Verenigde Buizenfabrieken (VBF), Niederlande
○ VOEST Alpine, Österreich

CIDECT-Berichte können angefordert werden bei:

Herrn Dipl.-Ing. D. Dutta
Vorsitzender der CIDECT Technischen Komission
c/o Mannesmannröhren-Werke AG
Abt. RHQ-T/Ru
Mannesmannufer 3
D-4000 Düsseldorf 1
Deutschland

Telefon: (49) 211/875-34 80
Telex: 8 581 421
Telefax: (49) 211/875-46 89